KB038288

자연 속
야누스, 하구

자연 속 야누스, 하구

강과 바다가 만나는 곳

2011년 12월 1일 초판 1쇄 발행
지은이 조홍연

펴낸이 이원중 책임편집 김명희 디자인 정애경 삽화 박아림
펴낸곳 지성사 출판등록일 1993년 12월 9일 등록번호 제10 - 916호
주소 (121 - 829) 서울시 마포구 상수동 337 - 4 전화 (02) 335 - 5494 ~ 5 팩스 (02) 335 - 5496
홈페이지 www.jisungsa.co.kr 블로그 blog.naver.com/jisungsabook 이메일 jisungsa@hanmail.net
편집주간 김명희 편집팀 김찬 디자인팀 정애경

ISBN 978 - 89 - 7889 - 244 - 5 (04400)
ISBN 978 - 89 - 7889 - 168 - 4 (세트)

잘못된 책은 바꾸어드립니다. 책값은 뒤표지에 있습니다.

이 도서의 국립중앙도서관 출판시도서목록(CIP)은 CIP 홈페이지(http://www.nl.go.kr/ecip)에서
이용하실 수 있습니다. (CIP제어번호: CIP 2011005035)

자연 속 야누스, 하구

강과 바다가 만나는 곳

조홍연 지음

지성사

■차례

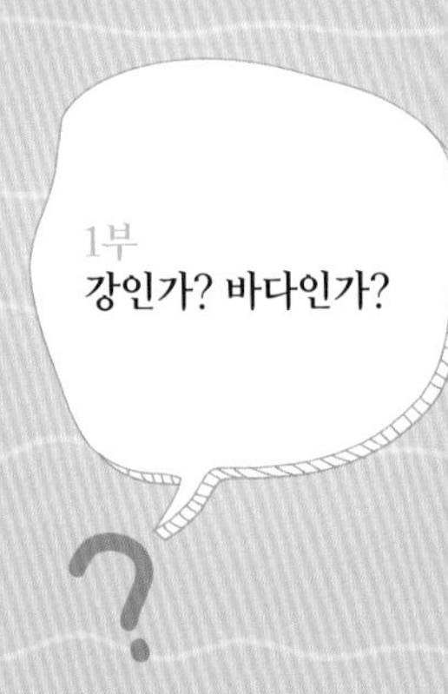

2부
하구에서는 어떤 일이 일어날까?

3부
우리는 하구를 어떻게 이용하는가?

■여는 글

두 얼굴을 지닌 하구

우리를 헷갈리게 하는 동물이 있다. 바로 박쥐와 고래가 그 주인공이다. 여러분도 잘 알고 있는 것처럼 박쥐는 새처럼 날아다니는 젖먹이동물이고, 고래는 물고기처럼 바닷속에서 살지만 역시 젖먹이동물이다. 또 하나 있다. 어린 시절 나의 관심을 온통 잡아끌었던 오리너구리다. 주둥이가 오리 같이 넓적하게 생겼지만 이 역시 새가 아니라 젖먹이동물이다. 그런데 알을 낳는다고 한다. 헷갈리게 하는 것은 동물만이 아니다.

어려서부터 지도 보기를 좋아했던 나를 혼란스럽게 하는 장소도 있었다. 아무리 어렸을 때라고는 해도 아시아, 아프리카, 유럽, 아메리카 같은 큰 대륙 정도는 알고 있었으며, 태평양, 대서양, 인도양 같은 큰 바다도 두루 꿰고 있었다. 솔직히 말하면 지도에서 남극 대륙은 눈에 잘 띄지 않아서 그때는 있는 줄도 몰랐다. 그러나 이렇게 큰 대륙이나 바다를 찾아보는 정도로 대충 보면 지도 보기는 재미없다. 집중해서 이 구석 저 구석 숨어 있는 나라들을 찾아내고, 대륙을 가로지르는 강과 크고 작은 호수를 찾아가는 재미가 쏠쏠할 뿐만 아니라 독특하고 새로운 지명을 알아가는 재미 또한 여간 아니었다. 세계 지도를 펼쳐 놓고 큰 물(?)에서 놀던 나에게 보이는 것은 대륙과 바다, 그리고 무지무지하게 큰 호수들이었다(물론 지도에는 작게 표시되어 있지만). 연한 파란색으로 칠해진 카스피 해, 흑해, 바이칼 호, 미시간 호, 이리 호 정도는 쉽게 찾아냈다. 그때마다 왜 어디는 해바다이고, 어디는 호호수일까? 하는 궁금증은 커져만 갔다. 지도에서 물맛을 볼 수 있는 것도 아니고, 그 차이를 물어볼 만한 마땅한 사람도 찾지 못한 채 그렇게 궁금해 하며 어른이 되었다. 물론 지금은 그 차이를 정확히 말할 수 있다. '소금기' 때문이라고.

바다나 호수 외에 파란색으로 표시되는 것이 또 있다. 바로 강이다. 아마존 강, 나일 강, 장강長江, 예전에는 양쯔 강으로 표기, 미시시피 강 등 세계적으로 유명한 큰 강은 물론이고 크고 작은 강이 파랗게 그려져 있다. 그래서 지도를 보면 강이 바다로 흘러드는 방향 등은 대충 알 수 있었다. 같은 파란색으로 표시되었지만 강은 선으로, 바다는 넓은 면으로 표현되어 있어 어디까지가 강이고 어디부터가 바다인지 궁금하지 않았다. 강과 바다의 경계가 명확하게 구분되어 있었기 때문이다. 오히려 '물'과 관련된 공부를 하면서부터 새로운 호기심이 발동했다. 도대체 어디까지가 강이고, 어디부터가 바다인가?

국가마다 땅육지 위에 경계를 그어 영토를 구분하듯 지금은 바다에도 나라마다 고유의 영역이 정해져 있다. 이렇듯 구분 짓기를 좋아해서인지는 모르지만, 최근에는 강과 바다도 경계를 구분하고 있다. 우리나라도 하천법으로 어디까지가 하천이고 어디부터 바다인지를 명시해 놓았다. 그러나 법은 법이고, 자연은 자연이다. 나의 새로운 호기심을 자극한 강과 바다가 만나는 곳은 하구라고 하는데, 앞에서 이야기한 박쥐나 고래, 오리너구리처럼 물에 관심을 가지는 사람들을 헷갈리게 하는 장소다. 지도에는 잘 표현되지 않을 만큼 좁고 애매한 공간이다.

비약을 하는 것인지 모르겠지만 삼면이 바다로 둘러싸여 있는 우리나라가, 강과 바다 사이에 있는 하구와 비슷하다는 생각이 들었다. 대륙 국가도 섬나라도 아닌 대륙과 섬을 이어 주는 국가이니 말이다. 섬나라와 대륙 국가는 각기 독특한 특성이 있듯이 우리나라는 그 양쪽의 성격을 다 가지고 있을 뿐만 아니라 반도만의 특성도 지녔다. 하구도 마찬가지다. 강도 아니고 바다도 아닌 하구는 강과 바다를 이어 주는 물이기도 하다. 나는 그 물에 대한 이야기를 재미있게 하고 싶다. 재미의 반은 저자인 나의 몫일 테지만, 반은 독자의 몫이다. 미지의 영역에 대한 호기심을 갖고 이 책을 읽어 준다면 그 반은 채워지리라 믿는다.

나는 우리나라의 모든 강을 바다에서 만나고 싶다.

세계의 모든 바다에도 가보고 싶다.

그리고 그 사이에 숨어 있는 하구를 감상하고 싶다.

이 글을 쓰는 동안 도움을 주신 분들께 고마운 마음을 전한다. 무엇보다도 원고를 이리저리 보아 주신 강성현 박사님과 김웅서 박사님 그리고 하구에 대한 의견을 거침없이 제시한 조은경 님에게도 고마움을 전한다. 또한 원고를 독자 눈높이에 맞추어 쉽게 풀어 주고 처음으로 경험하는 '책 쓰기'를 격려해 준 한국해양연구원 함춘옥 간사와 지성사 편집부에 감사 드린다. 더불어 하구에 대하여 나와 이야기를 나누며 영감을 주신 모든 분께 감사의 뜻을 전한다.

조홍연

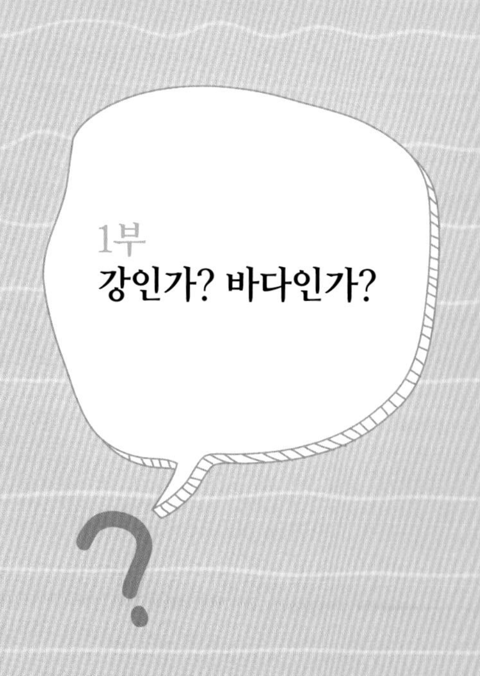

1부
강인가? 바다인가?

자연에서 만난 야누스

로마 신화에 등장하는 야누스는 문의 수호신이다. 어떤 분야에 처음 발을 들여놓는 것을 입문이라 하므로, 시작을 가리키는 시작의 신이기도 한다. 시작은 그 끝이 있어야 또 다른 시작으로 이어질 수 있다. 따라서 야누스는 시작의 신인 동시에 끝의 신도 되므로 시작과 끝, 문의 앞뒤로 각각 향하고 있는 두 얼굴을 가진 신으로 묘사된다. 『보물섬』의 작가로 친근한 스티븐슨(1850~1894)의 또 다른 소설 속 주인공 지킬 박사와 하이드처럼 두 얼굴은 한 몸이면서 서로 다른, 때로는 극단적 성격을 띠는 양면성을 보인다. 자연 속에서

야누스 로마 신화 속에 등장하는 두 얼굴의 신으로 이중성을 가진다.

도 야누스의 두 얼굴과 같은 이중성을 자주 볼 수 있다. 예를 들면 조류와 포유류의 특징을 모두 가지고 있는 오리너구리가 있고, 뱀장어나 연어처럼 민물과 바닷물을 오가며 살아가는 능력을 가진 생물도 있다. 또한 육지와 바다가 공존하는 조간대나, 강과 바다가 공존하는 하구에서도 이러한 이중성을 찾아볼 수 있다.

하구는 강과 바다가 만나는 곳이다. 그래서 강인지 바다인지 그 성격이 애매하다. 어떤 때는 천연덕스러운 강의 모습이고 어떤 때는 바다의 습성을 드러내기도 한다. 즉, 강이기도 하고 때로는 바다이기도 한 공간이다. 그러나 하구는 서로 다른 모습으로 등을 돌리고 있다기보다는 서로 다른 특성을 둘 다 가진 공간이다. 강과 바다는 그 규모나 성격 면에서 단순히 비교할 수는 없다. 다만 강은 사람이 살고 있는 땅 위를 흐르며 사람이 생활하는 데 없어서는 안 되는 물을 제공해 주기 때문에 바다보다는 좀 더 익숙하다. 그런 이유에서인지 강과 바다의 특성이 공존하는 공간임에도 그 이름을

강과 연관 지어 하천의 입, 하구河口, river mouth라고 붙였다. 그런데 하구라는 이름을 잘 살펴보면 하천의 입인 동시에 바다에서 하천으로 들어가는 입구라는 뜻도 된다. 겉으로 드러나는 것은 바다와 직접적으로 관계가 없는 것 같지만, 절묘하게 바다의 입장도 나타내고 있어 참 잘 어울리는 이름이다. 실제로 바다에서 강으로 거슬러 올라가는 배가 있다면 하구

강원도 강릉의 신리천 하구 주문진항의 방파제 너머 드넓은 바다와, 동해로 흘러드는 신리천 하구의 작은 물길이 비교된다.

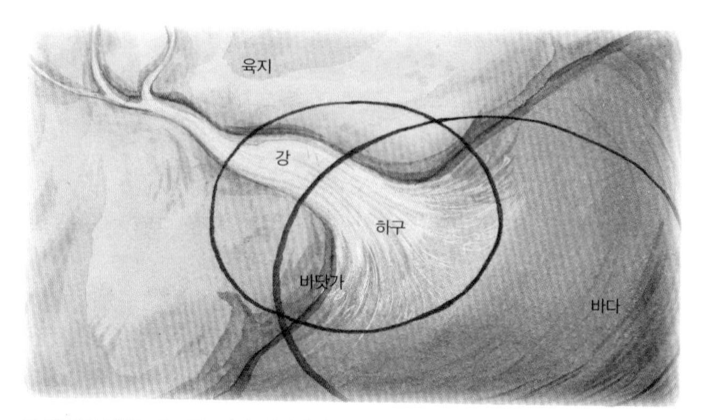

두 얼굴의 자연 육지와 바다 사이에서 두 얼굴을 가지는 곳은, 육지를 흐르는 물길이 바다를 만나는 하구와 땅과 물이 만나는 물가이다.

는 바다에서 하천으로 들어가는 어귀가 된다.

하구는 모습만이 아니라 특성에서도 양면성을 보인다. 평소에는 온화한 모습으로 사람들의 마음에 안정을 주지만, 홍수나 태풍의 영향을 받을 때에는 무서운 모습으로 위협하기도 한다. 지금부터는 이러한 하구의 상반되는 모습보다는 서로 차이가 나는 두 모습을 알아보려 한다. 강과 바다의 특성을 모두 가지고 있으나 교묘하게 강과 바다의 경계를 넘나들어 한마디로 표현하기 어려운 두 얼굴의 하구를 찾아 떠나보자.

강과 바다의 만남

강과 바다가 만나는 하구를 정확히 알기 위해서는 강과 바다에 대하여 먼저 알아야 한다. 사람들은 강과 바다를 구별하는 것을 어려워하지 않는다. 그러나 정작 그 차이를 구체적으로 설명할 수 있는 사람은 많지 않다. 왜냐하면 강과 바다의 특징을 잘 모르기 때문이다. 그럼 지금부터 강과 바다의 특성을 과학적으로 하나씩 비교하고, 그 차이를 정리해 보도록 하자.

| 흐르는 물과 고여 있는 물 |

강이 처음 시작되는 곳, 즉 발원지는 보통 조그마한 샘인 경우가 많다. 이 작은 샘에서부터 시작해서 비가 내려 생긴 여러 개의 물줄기가 모여 좀 더 큰 시내를 이루게 되고, 시내가 모여 큰 강을 이루면서 바다로 흘러들어 가게 된다. 이렇듯 강물은 쉬지 않고 흐르기 때문에 강의 크기는 보통 강을 따라 흐르는 물의 양인 유량流量으로 결정한다. 유량은 일정 시간 동안 흘러간 물의 무게로 표현한다. 예를 들어 한강의 유량은 일반적으로 1초에 200~300톤 정도다.

반면 바다는 고여 있는 물이라는 점에서는 호수, 저수지, 연못 등과 비슷하다. 다만 호수 등은 물이 고여 있기는 하지만 비가 많이 내리면 넘쳐서 강으로 흘러들기 때문에 어디까지나 강의 일부다. 이에 비해 바다는 비가 엄청나게 내리거나 강물이 쏟아져 흘러들어도 넘치는 법이 없다. 물론 바다와 가까운 육지의 낮은 땅이 물에 잠길 수는 있지만.

보통 자연 속의 물은 흐르든 고여 있든 지구의 중심 방향으로 당기는 힘인 중력의 영향을 받기 때문에 아래(실은 지구의 중심 방향)로, 좀 더 낮은 곳으로 흐른다. 더 이상 갈 곳이 없거나 물의 흐름을 차단하는 받침대인 지각地殼, 땅껍질을 만나면 더 흐르지 못하고 고이게 된다. 육지에 있는 작은 받침대가 호수, 연못, 저수지 등의 바닥이라면 자연에서 가장 큰 받침

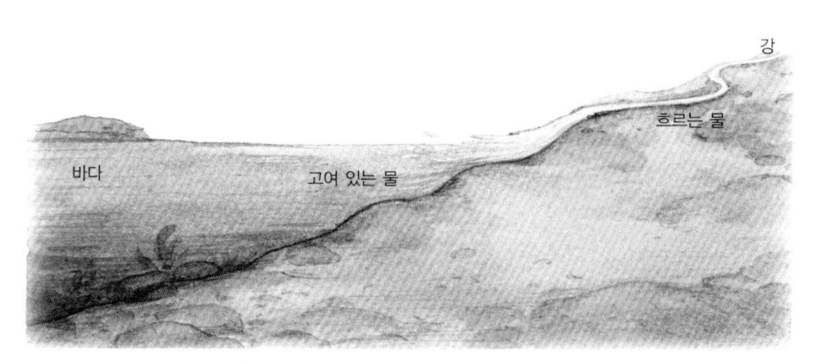

고여 있는 큰 물 바다와 그곳으로 흘러드는 작은 물인 강이 만나는 곳이라서, 하구의 물은 고여 있기도 하고 흘러가기도 한다.

대는 바로 바다의 바닥이다. 바다는 강물과는 달리 고여 있는 물이므로 물의 부피체적로 그 크기를 비교한다. 우리나라 동해가 1,361,000,000,000,000톤1,361조 톤 정도라고 하니 어마어마하다. 그러나 태평양은 동해보다 530배나 크다고 하므로 그에 비하면 동해는 마치 아기 바다 같은 느낌이다. 여하튼 아래로 흐르는 물인 강이 해저면에 담겨 있는 물인 바다를 만나는 곳이 바로 하구이다.

| 민물과 짠물 |

빗물이나 샘물의 맛을 보면 희미한 흙내만 날 뿐 짠맛이 없다. 이처럼 소금기가 없는 물을 민물담수이라 한다. 빗물, 빗물이 스며들어 이룬 지하수, 호수나 연못의 물 그리고 그들이 모여 흐르는 강물은 모두 민물이다. 반대로 맛을 보아서 짭짜름하면 짠물이라 하는데, 바닷물이 이에 해당된다. 크기나 깊이에 상관없이 물이 고여 있는 데 짠물이면 바다라고 하고, 민물이면 호수라고 한다. 기준은 항상 염분소금기이다. 흑해, 카스피 해, 지중해, 사해Dead Sea, 염호(Salt Lake)라고도 함는 육지로 둘러싸여 있음에도 바다라고 하고, 갈릴리 호, 바이칼 호, 미국과 캐나다 사이에 있는 오대호Great Lakes는 크기가 아무리 커도 호수로 구분하는 이유가 바로 이 때문이다.

민물과 짠물은 소금기가 있고 없음을 기준으로 나누는데, 소금기의 특징 중 하나는 전기를 통하게 하는 성질을 가진다는 것이다. 따라서 짠물은 전기를 통하게 하는 성질을 갖는데, 전기를 통하게 하는 정도전기전도도를 측정하여 물속에 염분이 얼마나 있는가를 알아내기도 한다.

민물과 짠물이 만나는 하구는 물속의 염분이 강보다는 높고 바다보다는 낮다. 이처럼 물속에 염분이 적은 바닷물을 기수汽水라고 하고, 기수가 있는 하구 영역을 기수 영역 또는 기수역이라고 한다. 기수는 한문으로 '물 끓는 김 汽', '물 水'를 써서 汽水라고 쓰는데, 汽는 '소금 못 헐'이라고도 읽는다. 뜻으로 보면 '헐수'가 옳은 것이 아닌가? 정약전이 흑산도에서 유배 생활을 할 때 쓴, 우리나라에서 가장 오래된 어류학 도서 『자산어보』도 '검을 자(玆)'가 아닌 '검을 현(玄)'을 써서 『현산어보』라고 읽어야 한다고 주장한 사람이 있었다. 나도 '기수'라는 용어 대신 '혈수'를 사용해야 옳다고 생각한다. 워낙 많은 사람이 기수라고 쓰고 있지만, 의미가 많이 어긋나 있다는 느낌이다. 한문이나 언어를 전공한 사람이 연구해서 정리해 주었으면 하는 바람이다. 여하튼 하구와 거의 같은 의미로 사용되는 기수는 염분이 민물과 짠물의 중간 영역에 해당하는 곳이다.

기수가 흐르는 하구는 강과 바다를 아우르고 있으므로 강과 바다와의 경계는 염분으로 구분하고 있다. 염분이 낮은 강 쪽은 2~5퍼밀permil은 1/1,000을 뜻하는 천분율의 단위로 ‰로 표기한다. 최근에는 실용염분단위(PSU)를 사용하지만, 독자들에게 익숙한 퍼밀로 염분 단위를 표시했다. 이하, 바다 쪽은 30퍼밀 이상을 기준으로 삼으면 무리가 없을 것 같다. 즉, 하구의 기수 영역은 염분이 2~5퍼밀 이상 30퍼밀 이하인 구간이다. 여하튼 민물이 짠물을 만나는 곳이 바로 하구다. 바꾸어 말하면 민물에 사는 물고기가 짠물에 사는 바닷물고기를 만나는 곳, 즉 바닷물고기와 민물고기가 서로 만날 수 있는 곳이 하구다.

| 흐르는 방향이 일정한 물과 다양한 물 |

육지에 내린 비가, 계곡의 물이, 강물이 어디론가 움직이는 것은, 모든 물체를 지구의 중심 방향으로 잡아당기는 중력 때문이다. 중력은 육지의 모든 물이 지구의 중심, 즉 높은 곳에서 낮은 곳을 향해 흘러가도록 한다. 따라서 강물은 '높은 곳에서 낮은 곳'으로 라는 원칙에 따라 일정한 방향으로 흐르고 있다. 즉 육지에서 가장 낮은 곳인 바다를 향해 흘러간다.

이에 비해 바닷물은 고여 있지만 전혀 움직이지 않는 것은 아니다. 바닷물은 흐른다고 하기보다는 이리저리 '움직인다'는 표현이 정확하다. 고인 물인 바다를 움직이게 하는 힘은 무엇일까? 여러 가지 이유가 있는데 대표로 세 가지 정도를 꼽을 수 있다. 첫 번째는 달과 태양의 인력만유인력에 의한 영향 때문에 주기적으로 바닷물의 표면인 해수면이 높아졌다 낮아졌다 하는 조석현상밀물과 썰물이다. 두 번째는 바다에서 부는 바람 때문에 바닷물이 움직이는 파도다. 세 번째는 바다를 일정한 방향과 속도를 가지고 비교적 거대한 규모로 움직이게 하는 흐름으로, 우리가 눈으로 확인하기는 어렵지만 엄연하게 존재하는 해류다. 해류는 바람에 의해 발생하는 것과 수온이나 염분 차이로 발생하는 것이 있다.

바닷물의 움직임을 먼바다가 아닌 가까운 바다(또는 하구)로 만 한정시키면 바람, 파도, 조석에 의하여 움직이고 있다고 할 수도 있다.

여하튼 중력에 의해 늘 높은 곳에서 낮은 곳을 향해 한 방향으로 흐르는 강물과, 다양한 원인 때문에 여러 방향으로 움직이는 바닷물이 만나는 곳이 하구다. 즉, 하구는 흐르는 방향이 일정한 강과 움직이는 방향이 다양한 바다가 만나는 곳이다.

| 선으로 표현되는 물과 면으로 표현되는 물 |

강의 크기는 하천의 물이 모여 흘러드는 주변 지역이 차지하는 면적인 유역면적집수구역으로 할 것인지 길이로 할 것인지에 따라 결과가 다를 수 있다. 보통은 이해하기가 쉬워서 길이로 강의 크기를 정한다. 길이를 기준으로 하면 세계에서 제일 긴 강은 나일 강이고 아마존 강과 장강이 그 뒤를 잇는데, 길이는 모두 6000킬로미터가 넘는다. 특별한 경우가 아니면 유역면적이 큰 강은 길이도 길다. 유역면적이 크든 길이가 길든 강을 지도 위에 표시할 때에는 약간의 굵기 차이는 있어도 보통 선으로 나타낸다. 강이 바다를 만나는

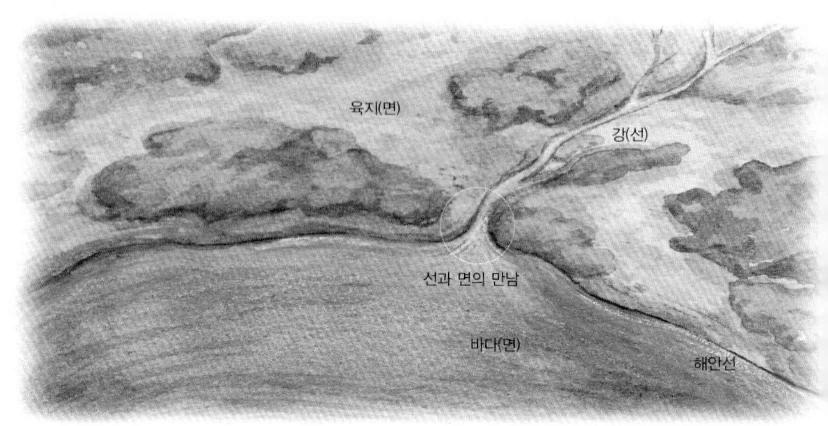

하구의 수학적 정의 지도에서 보면 강은 선이고, 바다는 면으로 표현된다. 하구는 그 선과 면이 만나는 곳이므로 선과 면의 중간에 위치하는 차원으로 볼 수 있다.

하구 부근에서는 강의 폭이 넓어져서 일정한 공간을 차지하기도 하지만 말이다.

이에 비해 바다는 공간적 범위를 나타내는 면적, 평균 수심, 그리고 체적범위를 나타내는 면적과 평균 수심의 곱으로 그 크기를 표현한다. 바다 크기의 중요 정보는 부피이지만, 크기의 우선순위를 정하는 기준으로는 면적(또는 깊이)도 많이 사용한다. 면적을 기준으로 하면 태평양, 대서양, 인도양이 각각 금, 은, 동 메달이다. 이렇듯 면적으로 그 크기의 기준을 삼는 바다는 지도 위에 표시할 때도 면area으로 나타낸다. 여하튼 선으로 표현되는 강이 면으로 표현되는 바다를 만나는 곳이 하구다.

강과 바다의 다른 이름

강_ 강, 하천, 개울을 표현하는 대표적인 한문은 '江', '河', '川'이고, 영어로는 river, stream, creek 정도가 있다. 우리나라에서는 강의 크기가 크면 '江', 상대적으로 작으면 '川'으로 표현하는 데 비해 중국에서는 한자를 만든 나라답게 '강江', '하河', '수水'를 모두 사용한다. '천川'을 쓰는 경우는 발견하지 못했는데 나라가 워낙 넓고 다양하니 '없다'라고 단정하기는 어렵다. 한자를 사용하는 또 한 나라 일본에서는 대부분 "천川, かわ을 사용한다. 그래서 일본의 지도에는 아마존 강이 아마존 천川이라고 되어 있다.

바다_ 바다를 표현하는 대표적인 한문은 ''양洋', '해海', 만灣' 등이 있고, 영어로는 'ocean', 'sea', 'gulf, bay, bight' 등이 있다. '洋'은 큰 바다를 가리키며 전통적으로 태평양, 대서양, 인도양, 남빙양, 북빙양의 5대양을 의미한다. 해양 전문가 중에는 남빙양, 북빙양은 각각 남극해, 북극해로 구분하고, 태평양과 대서양을 남북으로 구분하여 북태평양, 남태평양, 북대서양, 남대서양, 인도양을 5대양으로 구분하기도 한다. 규모면에서만 보면 가장 적절한 구분이라 할 수 있다. 이 5대양을 제외한 모든 바다는 '海'이다. 우리나라 주변에는 남해, 동해, 서해, 동중국해, 남중국해 등이 있으며, 세계적으로는 지중해, 홍해, 카리브 해, 흑해 등 많은 바다海가 있다. '灣'으로는 황해 안쪽에 있는 발해만渤海灣 외에 페르시아 만Persian Gulf, 멕시코 만Gulf of Mexico 등이 있다. 이와 더불어 '海峽strait'으로 표현되는 곳도 있다. 해협은 좁은 수로바닷길를 뜻하는데, 우리나라와 일본의 쓰시마 사이에 있는 대한해협, 쓰시마 해협 등을 말한다. 세계적으로는 지중해와 대서양을 연결하는 지브롤터 해협, 스리랑카와 인도네시아 사이의 말라카 해협, 영국과 프랑스 사이의 도버 해협 등이 유명하다.

참고로 하구강어귀를 표현하는 한자는 '河口', '川口', '川尻' 등이 각국에서 쓰이고, 영어로는 'river mouth', 'estuary'가 있다.

하구에 관한 모든 것

| 하구란? |

지금까지 하구를 강이 바다와 만나는 곳이라 뜻을 매겨 설명하고 있지만, 연구하는 사람들은 용어 하나하나의 정의에도 민감하다. 보통 이해하기 쉽고 널리 사용하는 용어가 있다고 해도, 자기 연구 분야에 어울리면서 좀 더 엄격하고 구체적인 의미로 적절한 정의를 내리고 있다. '하구'에 대해서도 예외는 아니어서 각 분야별로 여러 가지 정의가 내려져 있다.

'하구는 육지에서 흘러들어 오는 민물담수로 인해 바닷

물이 많이 희석된, 육지로 둘러싸여 있거나 육지에 가까운 영역가까운 바다이며, 해양먼바다과 자유롭게 연결되어 있는 반폐쇄 연안에 있는 물 덩어리수괴水塊다.'라고 정의한 것이 있다. 전문가들이 많이 이용하는 정의 중의 하나다. 그러나 하구보다는 육지로 일부가 둘러싸인 '만bay'을 정의하고 있다고 볼 수 있다. 조금 다른 것으로는 앞의 정의에서 부족한 부분을 보충하여, '하구는 해양의 염분과는 상당히 차이가 나는 염분을 가진, 육지로 둘러싸여 있거나 육지와 가까운 영역가까운 바다으로, 간헐적으로 해양먼바다과 자유롭게 연결되어 있는 좁고 반폐쇄적인 연안에 있는 물 덩어리다.' 라고 정의한다. 어느 것이 더 정확할까? 하구는 워낙 다양한 성격을 띠기 때문에 하나의 정의로 정리하기에는 어려움이 있다. 그러나 전문가의 정의를 존중하여 '육상에서 바다로 흘러드는 민물의 영향을 받는 곳으로, 강물이 바다를 만나는 곳'이라 정의하면 큰 문제는 없을 것 같다.

개인적으로 나는 가장 일반적이고 쉬운 '강이 바다를 만나는 장소'로 정의하는 것을 선호한다. 이를 좀 더 전문적인 용어를 사용하여 표현하면 '하구는 강과 바다의 전이 지대다.' 라고 할 수 있다. 여기서 전이轉移, transition는 어떤 특성이 다른 특성으로 변하여 간다는 뜻으로, 야누스의 얼굴이 어떤 하나의 얼굴에서 또 다른 얼굴로 변해 가는 것처럼 강이 바다로 변해 간다는 말이다. 강물의 특성이 하구에서 바다의 특성으로 바뀌어 가기 때문에 강과 바다의 전이 지대라고 한 것이다. 전이는 참으로 적절한 표현이라 생각된다. 새벽은 밤에서 낮으로의 시간적 전이 영역이고, 물가는 육지와 하천, 호수, 해안 등과의 공간적 전이 지대다. 전이 지대는 양쪽 영역의 특징을 모두 가지고 있어서 성격이 복잡할 수밖에 없다. 요즘에는 이러한 전이 지대영역에 대한 연구가 활발하게 이루어지고 있는데 결코 만만한 분야는 아니다. 모든 경계에는 크든 작든, 빠르든 느리든, 좁든 넓든 전이 과정은 존재한다.

| 어디까지가 하구인가? |

'하구는 여기다.'라고 정확한 지점이나 범위를 꼭 집어서 가리키기는 어렵겠지만, 강과 바다가 만나는 곳은 모두 하구이기 때문에 강물이 바닷물을 만나 섞이는 지점을 대략 하구라 할 수 있다. 그러나 그 모습은 강이 바다를 언제, 어디서, 어떻게 만나는가에 따라 매우 다양하다. 강물이 한창 불어난 장마철에는 하구의 범위가 바다 쪽으로 조금 확장되고, 조석이 강한 사리대조 때에 밀물이 들면 바다가 강으로 밀고 들어가기 때문에 하구는 강 하류 부분으로 축소되었다가 썰물 때에는 바닷물이 먼바다로 빠져나가므로 하구의 범위는 다시 넓어질 것이다. 하구는 강과 바다가 만나는 영역이기에, 국경을 맞대고 있는 국가들이 영토를 놓고 힘겨루기를 하듯이 바다가 힘이 세면 하구 영토는 줄어들고 바다가 힘이 약하면 하구 영토가 늘어난다.

또한 '강이나 강 하류에 설치된 방조제, 하굿둑 건설로 만들어진 인공 호수, 자연적으로 생긴 석호 등과 같이 강의 일부인 호수가 바다와 만나는 곳도 하구'라고 할 수 있으므로, 인공적으로 방조제나 수문 등을 건설하여 흐름을 늦추거나 막았다가 인위적인 조작에 의하여 일시적으로 강물을 배출하여도 그 배출 수로 역시 하구가 될 수 있다. 여하튼 사람이 조종하거나 간섭을 하더라도 강과 바다가 만나는 곳은 모두 하구다. 비록 지금은 인간의 손길에 의하여 조종되고 있으나 과거에는 강과 바다가 자연스럽게 만났을 하구였기 때문에 하구로 보아 주는 것이 인간보다 유구한 역사를 가진 하천에 대한 예의가 아닐까 싶다.

바다 입장에서 보면 하구는 육지 쪽으로 뚫고 들어간 작은 틈새에 불과한 하천이다. 바닷물이 그 틈새로 마냥 올라갈 수 있는 것은 물론 아니다. 그 틈새로 바다가 하천을 경험할 수 있는 거리는 조석의 크기높이에 따라 달라진다. 하천 하류의 지형적 특성이 평탄한 공간을 어느 정도 형성하고 있는가도 작용하지만, 고도로 표현되는 높이로 제한하자면 하천의 수량과 조석에 의한 조위달이나 태양 따위의 인력에 의해 주기적으로 높아졌다 낮아졌다 하는 바닷물의 흐름에 따라 변하는 해수면의 높이의 영향이 가장 크다. 해수면 높이의 차이조위가 크면 바닷물은 하천 깊숙한 곳까지 올라가고, 조위가 작으면 하천 입구에만 머물게 된다. 조석의 영향으로 하천의 수위가 오르락내리락하는 하천을 감조하천이라고 한다. 감조感潮는 조석의 영향이 느껴진다는 뜻이므로, 하천이지만 바다에서 발생하는 조석의 영향을 받는다는 뜻이다. 우리나라 서해안이나 남해안의 하천은 모두 감조하천이라 할 수 있다. 동해안은 조석의 영향을 받기는 하지만 그 정도가 매우 약하기 때문에 감조하천이라 하지는 않는다. 파도의 영향을 받으니까 감파感波하천이라 해야 할까?

바닷물이 자신의 특성을 유지한 채 하천을 여행할 수

있는 하천 방향의 끝과, 강물이 강물의 특성을 가지고 바다를 여행할 수 있는 바다 방향의 끝 사이 공간(또는 점, 선)이 바로 하구다. 정확하게 어디가 그 끝이며 어디가 시작인지는 조금 엄격하고 구체적인 기준을 가지고 결정하지만, 관점에 따라 판단 기준은 다양하기 때문에 하구의 범위는 각각의 기준에 따라 조금씩 달라질 수 있다.

해안공학을 전공한 사람은 조위, 조류, 염분 등을 기준으로 판단하므로, 조석의 영향이 아주 약하거나 없는 곳에서 조위의 영향이 뚜렷해지는 곳까지의 구간으로 염분은 측정할 수 없거나 매우 약한 0.0~0.5퍼밀에서 32.0~34.0퍼밀까지 그 사이 구간이라 할 것이다.

하천공학을 전공한 사람은 한 방향의 흐름을 어디까지 유지하고 있는가의 여부로 판단하여, 하구 범위를 한 방향 흐름이 약해지는 구간에서 한 방향 흐름이 사라지는 구간이라 정의할 텐데, 실제 하천법에서 이와 같이 정해 놓고 있다. 그런데 이때 한 방향 흐름이란 강에서 바다로 흘러가는 방향은 물론이고 조석이나 파랑의 영향으로 바다에서 강으로 흘러가는 방향의 흐름도 포함한다.

또한 어류동물학를 전공한 사람은 담수어종과 해산어종

의 서식 한계를 기준으로 삼아 범위를 정하기 때문에, 더 이상 담수어종민물고기이 잡히지 않는 곳이 하구의 바다 쪽 경계이고 더 이상 해수어종바닷물고기이 잡히지 않는 곳이 하구의 강 쪽 경계라 할 것이다. 또는 담수 플랑크톤이 점점 사라지고 해수 플랑크톤이 점점 늘어가는 곳이 하구의 시작이라 할 것이다.

분명 하구는 하나인데 그 범위를 결정하는 기준은 그 정의만큼이나 다양하다. 그럼에도 여전히 그 경계는 애매하다. 이는 하구에 대한 관측이나 기본적인 조사 없이는 전문가도 하구의 범위를 결정하지 않거나 결정할 수 없다는 뜻이기도 하다.

| 하구 나누기 1 _흐름 방향 염분을 기준으로 |

연구 분야에 따라 각기 나름의 기준으로 하구의 범위를 정하고 있지만, 비교적 간단한 조사로 그 범위를 결정할 수 있는 방법이 있다. 바로 염분이다. 염분을 알면 명확하지는 않더라도 물의 흐름과 물고기 등 하구 생물의 서식 환경을 파악할 수 있다. 하구의 흐름을 관측하고, 물의 화학 성분을 분석하고, 생물 종류를 조사하는 것보다는 염분을 관측하는 것이 간단할 뿐만 아니라 중요하다. 실제 염분으로 하구를 구분하는 것은 하구 관찰의 가장 기본적인 단계이자 첫걸음에 해당한다. 염분을 조사, 분석하지 않고 하구를 연구한다는 것은 릴레이 경주에서 첫 번째 주자가 들어오지 않은 상황에서 두 번째 또는 세 번째 주자가 달려 나가는 꼴이다.

하천이나 바다에 비해 공간은 넓지 않지만 환경의 변화가 크고 다양한 하구를 염분에 따라 공간을 구분해 보면, 소금기가 없거나 옅은 강은 0.0~0.5퍼밀이고 가장 진할 것으로 생각되는 먼바다는 32~35퍼밀로 알려져 있다. 따라서 이 사이의 염분 변화에 따라 하구를 구분할 수 있다.

사람에게 머리가 가장 높은 부분인 것처럼 하구의 머리도 상류에 좀 더 가까운 육지 쪽의 강 부분으로, 하구의 머리 영역은 염분이 5퍼밀 이하인 영역이다. 하구의 강 쪽 경계에 해당하며, 강의 입장에서는 강의 끝인 동시에 하구의 시작이고 바다의 입장에서는 하구의 끝이다. 참고로 강의 머리 영역이자 강이 시작되는 지점인 발원지는 가장 높은 곳이 아니라 하구에서 가장 먼 지점에 해당한다.

하구의 상부 영역은 흐르는 물의 염분 범위가 5~18퍼밀인 영역이다. 염분이 뚜렷하게 나타나기 시작하지만 바다

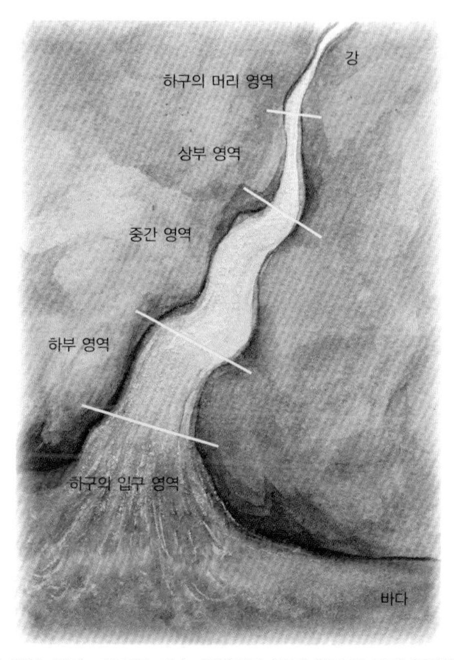

염분에 의한 하구 구분 하구를 기수 영역이라 하며 염분에 따라 공간을 세밀하게 나눈다.

보다는 강의 영향을 많이 받는 영역이다. 하구 중간 영역은 흐르는 물의 염분 범위가 18~25퍼밀인 영역이다. 이 영역은 하천의 크기에 따라 하구의 상부 또는 하부 영역에 포함시키기도 하지만, 강이나 바다와는 분명하게 구별되는 곳이다. 강과 바다의 특성이 사라지고 하구만의 특성이 존재하는 영역이기도 하다. 하구의 하부 영역은 흐르는 물의 염분 범위가 25~30퍼밀인 영역이다. 하구의 상부 영역과는 달리 바다의 영향을 더 받는 곳이다.

가장 높은 지역을 하구의 머리 영역이라 한 데 비해 하구의 다리꼬리 영역은 하구의 입구 영역이라고 한다. 하구는 바다 입장에서 보면 하천으로 들어가는 입구이므로 하구의 바다 쪽 경계에서는 하구의 입구 부분이다. 이곳은 흔히 '하구' 하면 떠오르는 일반적인 하구의 바다 쪽 경계에 해당하는 부분으로 염분은 30퍼밀 이상이다.

| 하구 나누기 2 _성층의 염분을 기준으로 |

'성층stratification'이란 물, 공기, 흙 등 어떤 매체에서 그 매체의 성질 차이가 뚜렷하여 '층'을 이룬다는 뜻이다. 물에서는 물의 성질을 나타내는 요소들에 의하여 물의 층수층이 뚜렷하게 나뉘는 것을 말한다. 하구에서는 성층 강도, 즉 주로 염분에 의한 수직 방향으로 층을 구분 짓는 성질의 강도 차이와 그 반대 개념에 해당하는 혼합 정도를 나타내는 혼합 강도에 따라 하구를 구분하게 된다.

즉, 성층 강도가 큰 경우와 아주 작은 경우로, 이때 성층 강도가 크면 성층 사이의 혼합 정도는 약하고, 성층 강도가 작은 경우에는 층간 혼합 정도가 강하다. 성층 강도가 큰 하구는 강성층 하구, 성층 강도가 작거나 농도의 경계가 없는 하구는 약성층 하구 또는 무성층 하구라고 한다. 혼합 강도의 관점에서는 혼합 정도가 약하여 성층 사이의 농도 경계가 분명한 경우는 무혼합 하구라 하고, 성층 간 혼합 정도가 강해 농도의 경계가 사라져 거의 성층 구분이 없는 하구는 완전 혼합 하구강혼합 하구라고 한다. 그렇다면 어렵지 않게 중간 정도의 농도에, 중간 정도로 혼합된 부분 성층 하구는 부분 혼합 하구라고 정의할 수 있을 것이다.

강물은 바닷물보다 밀도가 작기 때문에(가볍기 때문에) 바닷물과 섞이게 되면 강물이 위쪽에 자리를 잡는다. 하구에서도 강물이 위표층를 차지하고 바닷물은 바닥 근처의 아래저층를 차지하게 되는데, 강물담수과 바닷물해수은 염분에 따라 층이 생긴다성층. 이렇게 형성된 염분 성층(또는 밀도 성층)은 물의 흐름에 의해 성층을 유지하는 정도가 결정되는데, 이 성층 유지 정도는 하구를 구분하는 중요한 기준이 된다. 물의 흐름이 강하면 표층과 저층의 물 혼합이 활발하기 때문에 층의 경계가 쉽게 무너져 층 구분이 깨지고, 흐름이

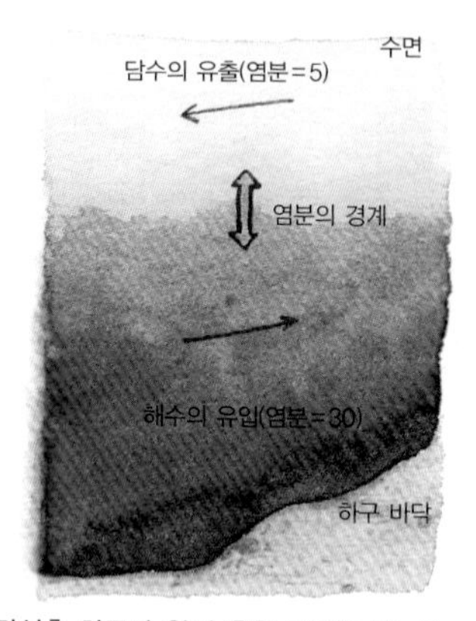

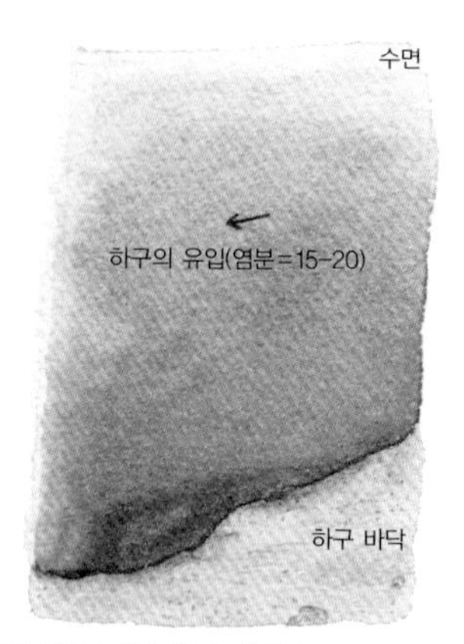

강성층 하구와 완전 혼합 하구(무성층 하구) 담수층과 해수층의 경계가 뚜렷한 강성층 하구(왼쪽)는 바닷물에 가까운 바닥 쪽에서 수면으로 올라갈수록 염분 농도가 낮은 담수에 가깝고, 수층이 완전 혼합되어 층이 무너진 완전 혼합 하구(오른쪽)는 수면과 하천 바닥의 염분 농도 차이가 거의 없다. (염분 단위: 퍼밀)

약한 경우에는 성층이 계속 유지된다. 실제로 눈으로 볼 수는 없지만 하구 중간 영역의 한 지점에서 하구 바닥을 향해 수직 방향연직 방향으로 각 층의 염분을 그림으로 그려 보면, 담수층과 해수층의 경계가 뚜렷한 강성층 하구와 경계가 보이지 않는 무성층 하구를 어렵지 않게 구분할 수 있다.

| 하구 나누기 3 _증발을 기준으로 |

하구에서는 염분의 분포가 중요하기 때문에 하구 물의 염분에 영향을 미치는 수분의 증발도 중요하다. 증발은 수면에

서 물이 수증기로 바뀌어 공기 중으로 날아가는 과정을 말하는데, 하구에서의 증발은 소금기를 제외한 물만 날아가기 때문에 하구의 염분이 진해진다는 것을 뜻한다. 반대로 하구 부근에 비가 내리면 담수의 양이 늘어나는 것이므로 염분의 농도는 옅어지게 된다.

여기에서는 증발에 의한 영향만을 생각해 보면 하구로 강물이 흘러내려 오거나 빗물의 형태로 유입되는 담수의 양이 하구 영역의 수면에서 증발되는 양보다 적을 경우, 수면 또는 상층의 염분이 바닥층의 농도보다 높아져서 상층에서 하층으로의 하구 순환이 일어난다. 반대로 빗물과 강물의 형태로 하구로 흘러들어 오는 담수의 양이 하구 수면에서의 증발보다 많으면, 즉 하구 상층의 염분이 하층의 염분보다 낮아져서 하층에서 상층으로의 하구 순환이 발생하게 된다.

하구 순환이 하층에서 상층으로 일어나는 하구를 보통 양성positive 하구라 하고, 반대로 하구 순환이 상층에서 하층으로 발생하는 하구는 음성negative 하구라고 한다. 증발이 활발하게 일어나는 열대 지방에서는 주로 음성 하구가 형성되며, 양성 하구는 온대 지방을 포함한 대부분의 지역에서 형성된다. 물론 양성 하구와 음성 하구 사이에 담수의 유입과 수분의 증발량이 완전 평형을 이루어 하구 순환이 일어나지 않는 중성neutral 하구도 있다. 그러나 중성 하구는 실제로 존재하기는 매우 어려워 개념상으로만 존재하는 하구다.

앞에서 생물학자는 생물의 관점에서, 공학을 연구한 사람이나 하구를 관리하는 사람은 설계나 하천의 연장인 하구 관리의 관점에서, 또 연안 물리를 전공한 사람은 흐름의 관점에서 각각 하구를 구분하기 때문에 하구 구간에 대한 구분은 연구 분야에 따라 다르다고 말했다. 그러나 어떠한 기준으로 구분을 하더라도 하구는 하구일 뿐이다. 다만 하구와 관련된 용어 사용의 기준이 바다인지 강인지에 따라 그 의미가 정반대가 될 수 있으므로, 어떤 기준을 따르고 있는가를 확인하는 것은 하구 공부를 하는 데 세심하게 신경 써야 할 부문이다. 예를 들어 앞서 구분한 하구의 상부, 중간, 하부 영역은 하구의 상류를 강으로 하고, 하류를 바다로 하여 강의 입장에서 구분한 것이다. 하구는 강을 기준으로 하면 강의 끝종점이지만 바다를 기준으로 할 때는 강의 시작시점이 된다. 그러나 바다 입장에서 하구는 자신의 덩치에 비해 아주 작은 공간에 불과하여 의미가 크지 않으므로, 하구에 관한 용어는 대개 강을 기준으로 사용하고 있다. 이런 관점에서 하구를 정의해 보면 '하구는 강이 바다와 만나는 강의 종점최하류 영역이다.' 라고 할 수 있다.

| 강 하나에 하구 하나 |

보통 하구의 이름은 강 이름을 따라 강 이름에 하구라는 단어를 붙인다. 따라서 강에는 보통 하나의 하구가 있다. 조금 엄밀하게 표현하자면 바다로 흘러들어 가는 강마다 하구가 하나씩 있다. 굳이 바다로 흘러드는 강이라 강조한 것은 강이 바다, 즉 좀 더 낮은 데로 흘러가지만 그렇다고 모든 강의 끝이 바다는 아니기 때문이다. 때로는 강의 끝이 자신보다 큰 다른 강이 되기도 하는데, 이때 다른 강으로 흘러드는 이 강을 지류支流라 하고 그 강을 받아들이는 강은 본류本流라고 한다. 따라서 보통 강의 본류는 하나지만 지류는 여러 개가 있을 수 있다. 강의 실제 크기나 길이와는 상관없이 하구를 가지는 강은, 하나의 독립된 강이자 본류가 된다. 지류 하천은 다른 강에 합류하게 되므로 강의 끝이 하구가 아니지만, 본류 하천은 다른 강과 합류하지 않고 바다로 바로 흘러들어 가므로 그 끝은 바다와 합치지는 지점이자 하구다.

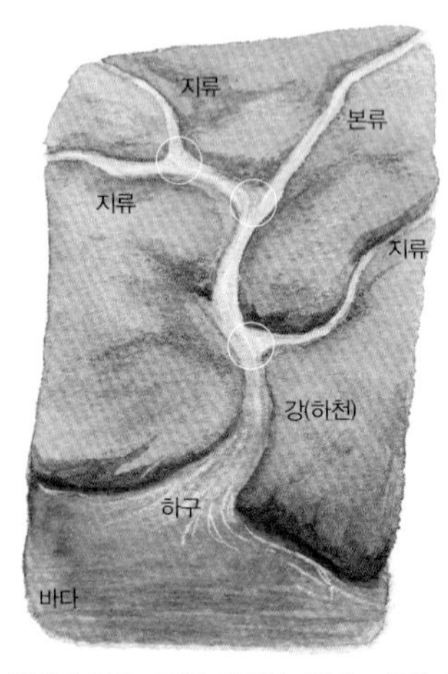

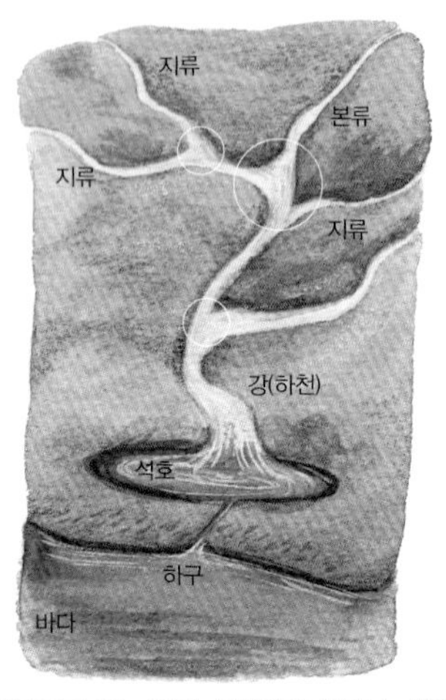

하구의 종류 강이 바다를 만나는 일반 하구(왼쪽)와는 달리 동해안의 석호나, 서해안에 건설된 방조제 같은 인공 호수가 만들어진 곳(오른쪽)도 호수(민물)가 바다를 만나는 곳이므로 하구라 할 수 있다. ○는 하천의 합류 지점.

강끼리 합류하는 경우 외에 우리나라 동해안에는 강의 하류에 석호lagoon, 모래섬에 의해 바다와 분리된 호수로, 바닷물이 지하로 섞여 들거나 바다와 연결된 수로를 따라 바닷물이 흘러들어 오는 호수 또는 강의 흐름이 거의 멈춘 잔잔한 호수와 같은 하천들이 좁은 수로를 통하여 바다와 만나기도 한다. 이런 경우에 석호와 바다 사이를 연결하는 좁은 수로를 통하여 바다로 흘러드는 호수의 물이 영향을 미치는 영역도 하구라고 할 수 있다. 동해로 흘러드는 하천의 하구는 바다 가까이에서 하류 지점이 완만한 경사를 이루는데, 거센 파도 때문에 이 부분에 모래가 퇴적되어 바다로 흘러들어 가는 하천의 흐름이 자연적으로 막힌다. 홍수가 났을 때처럼 일시적으로 모래 언덕을 뚫고 바다로 흘러가는 경우도 있지만 평소에는 하류에서 흐름이 정체되어 잔잔한 호수를 만든 뒤 매우 느리게 강물이 바다로 흘러든다. 좁은 수로를 통하든 모래 언덕 밑으로 지하수처럼 흘러가든 일단은 바다로 흘러간다. 동해안에는 이렇게 바다에 인접한 호수석호가 많으며 이들 대부분은 자연적으로 형성된 하구 호수라 할 수 있다. 호수의 98퍼센트 정도가 인공호수인 우리나라에서는 동해안의 석호들은 매우 중요한 자연 호수다.

그렇다면 구조물을 건설하여 강을 막아 저수지reservoir, 호수로 만들고 인위적으로 흐름을 조절하는 곳은 인공 하구라고 해야 하나? 강물이 바다로 흘러들 때만 하구로 보아서 일시적인 하구라고 해야 할까? 아니면 수문을 열었을 때에만 만나지만 일단 민물과 짠물이 만나는 곳이니 하구라고 정의를 해야 하는 것인가? 이 밖에도 바다로 흘러드는 강을 사람이 인위적으로 만든 구조물방조제로 막은 경우에도 하구라 할 수 있는 것일까? 분명 강의 끝이기는 하지만 강과 바다가 자

우리나라 하천의 발원지

황지 강원도 태백시의 낙동강 발원지

바다의 입장에서 보면 강어귀하구가 강의 시작이지만, 보통 강의 시작점은 하구에서 강을 따라 올라갈 때 가장 멀리 떨어진 곳, 즉 그 물길의 끝인 발원지發源地, 최상류라 할 수 있다.

우리나라의 대표적 하천인 한강은 강원도 태백시에 위치한 검룡소儉龍沼, 낙동강은 강원도 태백시에 있는 황지黃池가 각각 발원지다. 금강은 전라북도 장수군 뜬봉샘, 섬진강은 전라북도 진안군의 데미샘, 영산강은 전라남도 담양군 가마골 용소가 각각 발원지로 알려져 있다.

큰 강이 아니더라도 강의 발원지를 찾아가는 여행은 그 자체만으로도 의미가 크다. 등산할 때 정상을 목표로 꾸준히 오르듯이 강으로 여행을 떠날 때는 발원지를 향해 걸어 보는 것도 좋겠다. 아니면 반대로 강의 발원지에서 하구까지 가 보는 여행도 재미있을 것 같다. 사실 실제로 여행해 보면 강물은 중력에 의해 낮은 곳으로 흐르기 때문에 내리막길이라 발원지에서 출발하여 하구를 찾아가는 편이 수월하다.

연스럽게 만나지 못하기 때문에 하구라고 하기에는 문제가 있다. 또한 강의 유량이 적어 비가 오지 않으면 말라 버리는 하천乾川, dry stream이 바다와 만나는 곳도 하구일까?

애매모호하여 여러 가지 의문이 생기기는 하지만 강이 바다를 만나는 곳이 하구이므로, 강이 있고 바다가 있고 그 연결 통로가 있다면 일단 하구를 구성하는 기본 조건은 갖춘 것이므로 하구로 인정해야 한다. 일 년에 단 한 번이라도 강물이 바닷물로 흘러들어 간다면 하구다.

| 우리나라의 대표 하구 |

하구는 강과 바다의 특성을 모두 가지고 있는 곳이다. 지도에서 보면 하나의 점선으로 표현되는 아주 작은 하구도 있고, 넓은 부분을 차지하여 면적으로 나타내는 초대형 하구도 있다. 강의 수량이 불어날 때만 잠깐 보이다가 사라지는 '반짝 하구'나, 인위적으로 만든 구조물에 의해 정기적 혹은 일시적으로 흐름을 조정하는 '인공 하구', 풍부한 강물의 수량과 더불어 탁 트인 공간을 보여 주는 '바다 같은 하구'도 있다. 하구는 바닷가에 있는 강에서 볼 수 있지만, 강하천이 없으면 존재할 수 없는 공간이므로 보통 그 강의 이름을 따서 부른다.

우리나라 하구 가운데 하구에서 강물과 바닷물이 자연스럽게 섞이는 것을 항상 볼 수 있는 대규모 자연 하구로는 한강 하구, 임진강 하구 정도가 있으며, 규모는 다소 작지만 섬진강 하구도 그런 자연 하구라 할 수 있다. 그 밖의 하구들은 하천의 수량이 적거나 자연적이든 인위적이든 구조물로 차단되어 있어서 역동적인 하구의 흐름을 즐기기는 어렵다.

강이 바다와 어떤 형태로 만나며, 그 하구의 지형은 어떤 모습을 띠고, 인공 구조물들은 어디에 자리 잡고 있는지를 한눈에 알아볼 수 있는 방법이 있다. 바로 위성 사진이

한강, 임진강, 예성강 하구가 만나는 강화도 지역(왼쪽)
조석의 영향이 적은 울산만 태화강 하구(가운데)
동해안 석호와 바다가 연결되는 속초 청초호와 영랑호 하구(오른쪽)

다. 인공위성 사진으로는 지형에 따라 다양한 모습으로 바다로 흘러들어 가는 강을 관찰할 수 있으며, 그 부분을 중심으로 어디까지 하구 영역으로 표시할지 구분할 수도 있다. 물론 강의 크기에 따라 좀 더 엄격하게 그 범위를 잡을 수 있지만, 세부적인 것은 전문가에게 맡기고 우리는 편안하게 인공위성 사진 또는 지도를 보고 느껴지는 대로 강이 바다와 만나는 곳을 표시하고 그곳을 하구라 하면 된다. 아래 지도를 보면 우리나라 하구 몇 곳의 특징적인 모습을 확인할 수 있다.

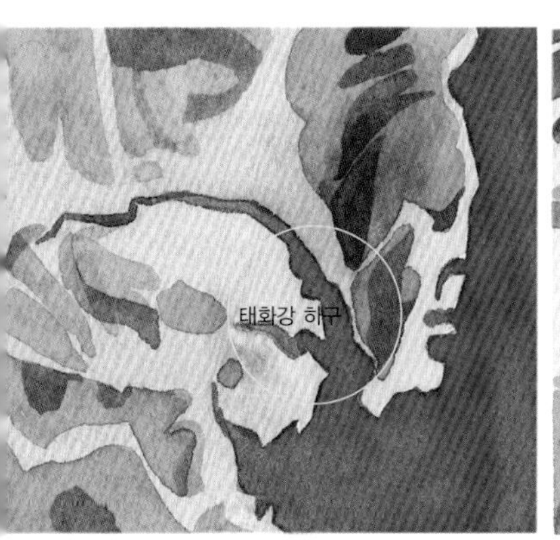

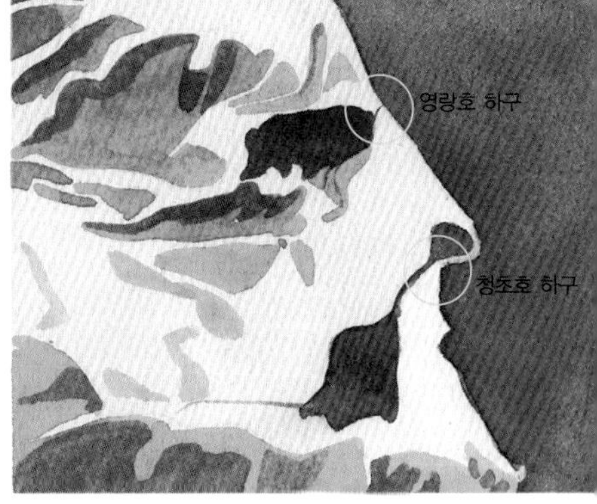

하구는 어떠한 성질을 가질까?

흐르는 물이 고인 물을 만나고, 담수가 해수를 만나고, 민물고기와 바닷물고기가 만나고, 높은 곳에서 낮은 곳을 향하여 한 방향으로 흐르던 물이 여러 방향으로 때로는 앞뒤로 흐르는 물을 만나고, 선이 면을 만나게 되는 하구는 어떤 특징을 가지고 있을까? 강과 바다의 특징에 대하여 각각 잘 알고 있다면 그 추측은 어렵지 않다.

| 하구는 복잡하다 |

'하구' 하면 복잡할 것 같다는 생각이 든다. 우리는 어떤 상황에서 '복잡하다'라는 단어를 사용할까? 우선 '복잡하다'는 '혼란스럽다'는 말과는 구분해 써야 한다. 흔히 "서울의 지하철 노선은 복잡하다"라고 말한다. 이는 9개가 넘는 노선이 여러 지점에서 서로 연결되어 있다는 뜻이지 아무렇게나 얽혀 있다는 의미는 아니다. 마찬가지로 하구가 복잡할 것 같다는 말은 매우 다양한 현상들이 시간과 공간에 따라 서로 다른 현상으로 일어날 것 같다는 뜻이다. 우리는 복잡한 지하철 노선을 어떻게 이용하고 있는가. 노선을 차근차근하게 하나하나 확인한 후에 각 노선끼리의 연결 관계를 살펴 이용한다. 마찬가지로 하구에서 일어나는 복잡한 현상들도 하나하나 원인을 살피고, 그러한 원인이 서로 겹쳐지는 경우를 일일이 살피다 보면 조금씩 이해할 수 있게 될 것이다.

하구에 대하여 잘 알든 모르든 하구에서 일어나는 현상은 다양하고 복잡한 것이 사실이다. 예를 들어 한강 하구에서의 물 흐름만 살펴보아도, 서해안의 강한 조석 때문에 주기적으로 밀물과 썰물이 발생한다. 그런데 한강이나 임진강 유역에 비가 내리면 강물이 불어나서 밀물은 약해지고 썰물이 강해지며, 평소에는 주기적으로 상승과 하강을 반복하던 수위도 이때는 평상시보다 높아진다. 여기에 바람이라도 불면 파도가 일어 파도에 의한 흐름과 강물 흐름 그리고 조석 흐름이 서로 섞여서 매우 복잡한 구조의 흐름을 보인다. 이때 염분이 어떻게 변할지까지 확인하려면 컴퓨터를 이용해야만 계산해 낼 수 있을 정도로 복잡하다.

| 하구는 활발하게 움직인다 |

언뜻 하구는 멈추어 있는 것처럼 보여 정적靜的일 것 같은 느낌이 들지만, 실제로는 매우 동적이다. 바닷물은 흐르지 않으니 고인 물이라고는 하지만 이는 하늘 위처럼 아주 높은 곳에서 보았을 때나 느낄 수 있는 것이다. 실제로는 조석이나 파도와 같이 달과 태양 그리고 지구의 인력과 바람 등의 영향으로, 매우 복잡하고 활기차게 움직이는 바다를 보고 느낄 수 있다. 하구는 바다 중에서는 얕은 부분이므로 바닷물의 움직임이 비교적 쉽게 눈에 띈다. 조석과 파도의 형태로 움직이는 바닷물과 긴 여정을 거쳐 육지를 달려온 강물이 만나는 곳이 하구인 만큼 변화무쌍한 흐름과 환경이 만들어질 것이란 추측은 어렵지 않다.

우리나라의 서해안처럼 조석현상이 뚜렷한 해안의 경

우에는 강물과 조석현상으로 움직이는 바닷물의 흐름에, 파랑에 의한 흐름이 불규칙적이고 일시적으로 합쳐지면서 하구의 흐름이 결정된다. 반면 동해안처럼 조석이 약한 해안에서는 파도와 해류의 영향이 하구의 흐름을 결정한다. 이 밖에 수시로 변하는 강물의 양, 즉 수량도 하구 흐름을 결정하는 중요한 요인이 된다. 계절에 따라서도 환경이 다양하게 변하므로 계절별로도 매우 다른 흐름을 보인다.

이러한 흐름들의 영향으로 강물과 바닷물에 들어 있는 물질과 에너지가 이동하고, 섞이고, 반응하고, 만들어지고, 없어지기 때문에 하구는 매우 다양한 환경 특성을 가지게 된다. 이러한 특성들이 하구를 항상 복잡하고 활발하게 움직이는 '동적'인 공간으로 만든다.

| 하구는 생물이 살기 좋은 곳은 아니다 |

하구에는 강과 바다에 비하여 다양하지는 않지만 일정한 종류의 생물이 살고 있다. 앞에서 이야기한 하구의 다양한 환경적 특성과 활발한 흐름, 즉 항상 변화하는 하구의 환경이 오히려 다양한 종류의 생물이 살아가기 어렵게 하고 있다.

그러나 하구에는 강과 바다로부터 어찌 보면 지나치다

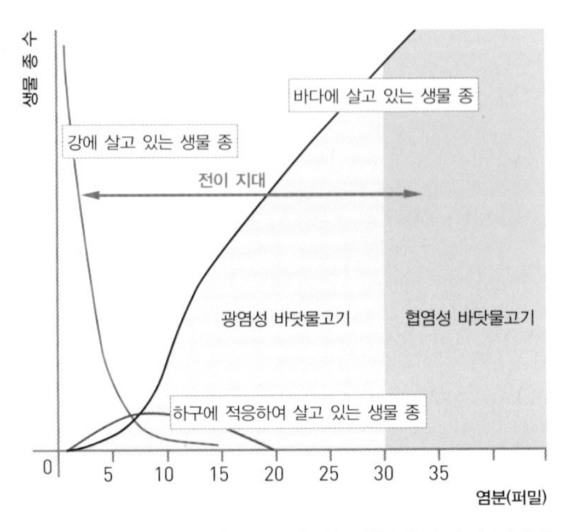

강, 바다, 하구에 사는 생물 종의 수 하구에 사는 생물의 종 수가 강이나 바다에 사는 생물 종보다 매우 적다는 것을 알 수 있다. 염분 변화가 큰 곳에서도 살 수 있는 성질을 광염성, 염분 변화가 비교적 작은 곳에서만 살아갈 수 있는 성질을 협염성이라 한다.

고 할 만큼 풍부하게 공급되는 영양염류먹이가 있어서 일단 하구 환경에 적응한 생물들은 번성할 수 있다. 이는 하구에 살고 있는 생물의 종류는 적어도 각각의 개체 수는 많다는 뜻이다. 그래서 하구는 해양, 나아가 지구의 다양한 생물 서식 공간 중에서 산호초가 있는 바다와 더불어 생산성이 가장 높은 지역 중의 하나로 꼽힌다. 육지에서는 정글열대우림, 바다에서는 산호초가 생태계의 보고라면 그 사이에는 하구라는 또 하나의 숨겨진 생태계 보물창고가 있다.

하구는 어떤 역할을 할까?

복잡하고 다양한 특성을 지닌 하구는 많은 비용과 노력을 들여 연구할 만한 가치가 있을까? 만약 가치가 있다면 도대체 그 가치는 어느 정도일까? 하구의 가치를 확인하려면 하구가 어떤 일을 하고 어떤 기능을 가지고 있으며, 인간과 생물에 의하여 어떻게 이용되어 왔으며 현재 어떻게 이용되고 있는지, 그리고 앞으로는 어떻게 이용할 수 있는지 등을 먼저 알아보아야 한다.

물론 하구는 다양한 기능과 역할을 담당하고 있지만 위의 기준에서 생각해 보면 크게 다섯 가지의 기능과 역할을 수행하고 있다. 이 다섯 가지를 중심으로 하구 고유의 기능과 역할을 살펴보도록 한다.

| 육지와 바다의 연결 고리 |

강물의 주요 공급원은 비 또는 눈이다. 비는 내린 후에 땅 위를 흐르는 지표수와 땅 밑으로 스며들어 가서 지하를 흐르는 지하수로 구분된다. 둘 중 지표수가 주로 물길을 만들고 강을 이루어 흐르기 때문에 대부분의 수량을 차지한다. 육지에 내린 비는 모두 다 강을 따라 흘러가는 것처럼 보이지만 사실은 45퍼센트 정도는 증발과 증산식물을 통한 증발의 과정을 거쳐서 하늘로 되돌아가고, 나머지 55퍼센트 정도만이 바다로 흘러간다. 내린 비의 55퍼센트 정도에 해당하는 물의 일부를 사람들은 농업용수, 공업용수와 먹는 물을 포함한 생활용수 등으로 이용한 후 다시 강으로 돌려 주기 때문에 55퍼센트 대부분이 하구를 거쳐서 바다로 흘러가는 셈이다.

하늘구름의 입장에서는 물을 육지에 100단위를 주었는데 45단위만 돌려받았으니 55단위가 모자란다. 이 부족한 55단위를 어떻게 보충할까? 해답은 바다다. 바다는 육지에서 흘러들어 온 물을 증발의 형태로 하늘로 올려 보낸다. 하

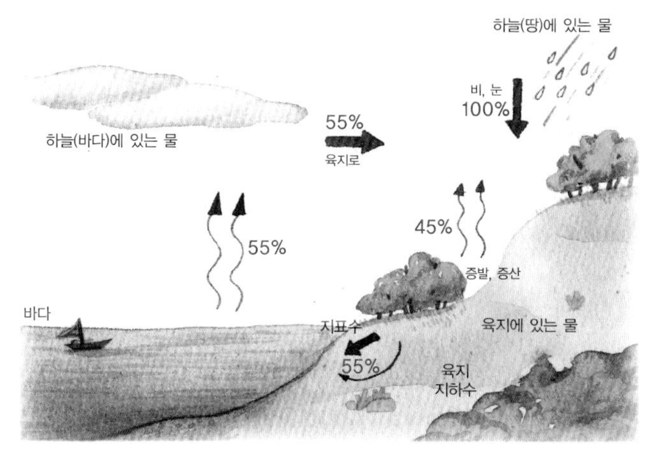

물의 순환 강에서 바다로 떠나는 물의 여행은 빗물이 모여서 만드는 강물을 따라 높은 곳에서 낮은 곳으로 흘러가면서 시작하여, 가장 낮은 위치에 있는 하구를 지나 바다로 흘러들어 가면서 끝이 난다. 바다에서 육지로의 여행은 물이 아닌 수증기가 되어 순환을 이어가다가 비가 되어 내리면서 끝이 난다.

늘은 바다로부터 증발되는 물을 받아들여 55단위의 물을 채운 뒤 육지 쪽의 하늘로 이동했다가 다시 눈과 비로 육지로 내려온다. 여기서 육지와 바다를 연결하는 물 순환의 연결 통로 역할을 하는 작은 공간이 바로 하구다.

| 담수와 해수 환경의 완충 지대 |

완충이란 충격을 덜어 준다는 뜻인데, 좀 더 과학적으로 표현하자면 어떤 인자의 급격한 변화를 줄여 주는 작용이라고 할 수 있다. 자연 속에서 일어나는 완충작용으로는 계절의 변화를 들 수 있다. 겨울에서 여름 또는 여름에서 겨울로 가는 과정에서 봄이나 가을과 같은 중간적 성격의 시간을 수 개월 보낸 후에 바뀌는 것이 바로 자연 속 완충이다.

그렇다면 급격한 환경 변화가 일어나면 어떤 문제가 생길까? 실은 자연 속에서도 급격한 변화는 간혹 발생한다. 예를 들어, 갑작스런 집중호우로 큰 홍수가 나면 하천의 물은 평상시보다 10~100배 이상의 속도로 바다로 흘러들기 때문에 하구는 물론 바다 멀리까지도 그 영향을 받는다. 한꺼번에 많은 양의 물이 흘러가므로 이때 근처 바닷물의 염분은 강물보다 약간 높은 정도의 수준에 머문다. 물고기처럼 움직일 수 있는 생물들은 염분이 낮아지면 적당한 염분을 찾아 피하겠지만 조개나 새우, 게와 같이 행동이 느리거나 한 곳에 정착하여 사는 생물은 스스로 버틸 수 있는 한계를 넘어서면 결국 죽게 된다.

마찬가지로 담수와 해수가 만나 급격한 환경 변화를 보이는 환경인 하구에서 염분이 칸막이를 한 것처럼 한 면을 기준으로 농도가 급격하게 변한다면 생물들은 적응하지 못하고 죽어가게 될 것이다. 완충작용은 서로 다른 환경이 공존하는 지역인 전이 지대에서 주로 발생하는데, 전이 지대가 없거나 작으면 완충작용도 없어지거나 줄고 전이 지대가 넓으면 완충작용도 커지게 된다. 하구도 민물과 짠물이 섞이면서 자연스럽게 완충 지대가 형성되어야 비록 어려운 환경이기는 하지만 생물들이 변화하는 환경에 적응해 살아갈 수 있다. 그래서 하구에서는 수량, 조위 · 조류 등의 흐름, 염분 · 탁도 · 영양염류의 농도 등이 급격하게 변하지 않도록 혼합하여 희석시키는 완충작용이 일어나고 있다.

육지에서 바다로 흘러드는 흙모래도 하구에서 완충작용의 역할을 한다. 하구를 통하여 육지에서 흘러들어 온 흙모래와, 바다로부터 파도 등에 밀려온 흙모래가 자연적으로 만든 수심이 얕은 방대한 영역이 자연 방파제 역할을 하며 완충작용을 한다. 마찬가지로 산호초가 거대한 규모로 형성되어 있는 곳도, 폭풍으로 인 거센 파도가 바닷가로 밀려와 일으키는 피해를 줄여 주기도 한다.

자연이 다양한 지형이나 생물 군락을 이용해 완충작용을 하는 데 비해, 육지와 바다를 연결하는 하구는 강과 바다라는 지형과 성질 차이를 서서히 혼합변화시키며 완충작용을 한다. 완충 지대가 없는 공간은 급격한 환경 변화에 적응하지 않으면 생존할 수 없는 공간이므로 인간과 생물이 살아가기 곤란한 지역이다. 따라서 하구는 서로 차이 나는 부분을 점진적으로 변화시켜서, 급격한 변화가 일어남으로써 발생할 수 있는 충격을 줄이는 역할을 충실히 수행하고 있는 셈이다.

강과 바다라는 서로 다른 환경이 공존하는 상태에서 전이 지대로서 작용하는 하구는, 좁은 공간에서 급격한 환경 변화가 일어나는 특성이 있다. 이와 같이 좁은 공간인데 급격하게 환경이 변화하는 곳은 생물이 서식하기에는 매우 불리한 조건이다. 반면에 학자들에게는 물리적으로 좁은 공간 안에서 급격한 환경 변화가 일어나므로 환경과 생물의 관계를 연구하기에 적당한 곳이다. 이동하는 시간이나 비용을 절약할 수 있을뿐더러 다양한 환경이 존재하는 좁은 하구 공간은 매우 효율적인 연구 공간이 되어 주기 때문이다.

| 강과 바다에 있는 물질의 거름 작용 |

육지에서 바다로 흘러드는 강물이 아무런 완충 장치나 거름 기능 없이 바로 바다로 들어간다면 어떤 일이 벌어질까? 강물에 섞여 함께 흘러온 육상의 다양한 오염물질이 여과 없이 그대로 바다로 유입되어 해양 환경을 오염시킬 것이라 추측하기가 어렵지 않다. 다행히 하구 및 연안 해역은 육지와 바다 사이에서 육지로부터 흘러드는 다양한 물질의 상당한 양을 걸러 내고 잡아 둔다. 이 필터여과 과정을 통하여 하구에는 강에서 흘러들어 오는 흙모래가 퇴적되기도 하고, 입자가 매우 미세한 흙모래는 하구의 흐름을 따라 하구에서부터 부유하여 먼바다로 이동하기도 한다. 이렇게 하구에 퇴적되거나 하구에서 이동하게 되는 흙모래는 하구 바닥에 사는 저서생물에게 흙모래퇴적물질에 붙어 있는 물질을 먹이양분로 제공하기도 한다. 이 저서생물은 이 지역에서 생기는 여러 가지 물질을 없애거나 때로는 만들어 냄으로써 생물학적 과정biological process에서도 중요한 역할을 담당한다.

오염물질이 강물을 따라 육지에서부터 지나치게 많이 하구로 흘러들어 오면, 하구는 오염물질의 일부를 퇴적시켜 걸러 낸 뒤에 강물을 바다로 흘려보내기 때문에 해양 오염의 정도를 줄일 수 있다. 하구에서의 퇴적 과정은 단순히 흙모래가 침전되는 것이지만, 이 흙모래에는 육상에서 발생한 오염물질도 붙어 있기 때문에 육지에서 흘러들어 오는 오염물질도 함께 침전되는 것이므로 실제로는 이를 제거하는 효과를 나타낸다. 그중 일부는 물속으로 다시 녹아 들어가서 바다 쪽으로 이동하기도 한다. 반대로 바다에서 육지 쪽으로 강한 조석과 해일 등이 밀어닥칠 때에도 바다와는 달리 수심이 얕은 하구는 조석과 해일이 가진 에너지를 하구 바닥의 마찰력으로 감소시켜서 그 세력을 약화시킨 후에 일부만 육상으로 전달하는 기능을 하기도 한다.

하구의 이러한 능력은 하구를 심각한 오염에 노출시키는 원인이 되기도 한다. 육상에서 발생하여 강물과 함께 바다로 흘러가는 부유물질이나 물속에 녹아 있는 오염물질을 흙모래와 함께 하구에 퇴적시킴으로써 오염물질이 더 이상 바다로 흘러가지 못하게 하여 하구 스스로 강에서 전달된 오염물질을 품기 때문이다. 이로써 강과 바다의 오염은 줄이지만 하구의 오염은 더 심각해진다. 하구의 대표적인 환경오염은 하구 퇴적물에 의한 오염물질의 축적, 준설 토사 처리 문제, 부영양화 현상, 용존산소의 고갈, 저층 서식지 환경의 악화, 수중 식물의 손실 등 다양한 형태로 나타날 뿐만 아니라 그 정도도 심각하다.

한편으로는 육지로부터 오염물질이 과도하게 흘러들어와도 하구 환경에서는 영양염류와 유기물의 재순환이 높은 비율로 일차생산식물플랑크톤의 광합성 작용 및 성장과 관련된 영양염류의 순환과 이차생산제1차 소비자의 성장과 활동에 관련한 유기물의 소비을 유지하기 때문에 어느 정도 환경을 개선하는 데 기여하고 있다. 즉, 오염물질을 하구에 사는 생물이 자체적으로 양분으로 이용하는 능력이 뛰어나기 때문에 하구로 유입된 오염물질이 많아도 그만큼 하구에 인접한 바다 환경을 심하게 악화시키지는 않는다. 작은 하구가 큰 바다를 살려 주는 셈이다.

하구는 바다 입장에서 보면 하천의 입구이지만 강의 입장에서는 바다로 흘러나가는 끝 부분에 해당한다. 육지를 생물(또는 사람)로, 하천은 입에서 항문으로 이어지는 소화기관으로 가정해 보면 육상에서 유입되는(입으로 들어가는) 모든 물질이 하구를 통하여 바다로 배출되므로 분명 하구는 하천의 항문 역할을 한다고 볼 수 있다. 어감은 사람에 따라 다르게 느끼겠지만 의미만은 충분히 거름의 기능을 하고 있으므로 이보다 정확한 비유는 없을 것이다.

| 생물의 서식 공간 _영양염류 공급 기능 |

생물이 살아가는 데 절대 없어서는 안 되는 것이 양분먹이이다. 생물에게 양분이 꾸준히 공급된다면 그야말로 더 바랄 것이 없다. 드넓은 바다에는 어디에 양분이 많을까? 먼바다일까, 가까운 바다일까? 이를 확인하는 방법으로는 우선 연안 생태계 피라미드의 가장 아랫부분을 차지하는 일차생산자인 식물플랑크톤의 양분이 되는 영양염류nutrients; 질산염, 인산염 및 규산염의 농도를 비교하는 방법이 있다. 또 양분을 공급받고 생산해 낸 연간 에너지 또는 탄소로 이루어진 생명체에 공급되는 에너지와 직접적인 관계가 있는 연간 탄소 생성량을 비교하는 방법도 있다. 간접적인 방법이지만 하구를 포함한 연안과 바다의 생산성을 측정해도 영양염류의 공급 정도를 가늠할 수 있다.

하구는 바다 영역 중 에너지 생산량 또는 탄소 생산량이 매우 높은 지역으로 생명 활동이 활발한 영역이다. 생명 활동이 활발하다는 것은 그만큼 양분 공급과 순환이 풍성하고 원활하게 이루어진다는 것을 뜻한다. 해양 전체로 본다면 많은 양은 아니겠지만, 육지에 잇닿아 있는 연안에 퇴적되는 흙모래와 영양염류 대부분은 육지에서 하천을 따라 하구를 통하여 흘러든다. 먼바다의 생산성을 기준으로 할 때에, 연안의 생산성은 2배 정도, 바닷물고기가 많이 모여들어 풍부한 어장을 형성한다는 연안 용승 해역은 약 6배인 데 비하여, 하구와 더불어 생태계의 보물창고라 일컫는 산호초 해역은 약 20배나 되니 하구의 생산성이 얼마나 높은지 알 수 있다. 산호초는 워낙 유명하니 놀라울 것이 없지만 하구가 이 정도라는 것은 저자인 나도 놀랄 만한 사실이다.

영양염류양분를 연안으로 공급하는 하구는 먹이가 풍부하여 생물이 서식하기에 유리하므로 다양한 생물이 서식할 것이라 생각하겠지만 실제는 그렇지 않다. 하구는 생물에게 필요한 양분은 풍부하지만 환경 변화가 심하고 그 변화의 폭도 넓고 급격하여, 이러한 환경에 적응하여 서식할 수 있는 생물의 종류는 담수나 바닷물 환경에 서식하는 생물에 비하여 훨씬 적다. 오히려 하구에 인접한 연안 지역에 다양한 생물종이 서식한다. 그러나 일단 하구 환경에 적응한 생물은 풍부한 양분 덕분에 개체 수는 많은 편이다.

| 하구 공간의 다양한 이용 |

하구는 먹이와 서식지를 제공하기 때문에 자연적으로나 생물학적으로 매우 중요한 역할을 수행하고 있다. 육지와 바다에 모두 인접해 있어서 인간이 이용하기에도 편리한 조건을 갖추었다. 사람이 하구에서 이용할 수 있는 것으로는 공

화옹방조제 건설로 새로 만들어진 땅

간[땅]과 수자원을 꼽을 수 있다.

공간, 즉 땅을 확보하기 위하여 하구 연안이나 갯벌 등을 매립하는 것은 가장 전통적이고 경제적인 방법이다. 바다에 인접한 육지는 주로 낮은 평야 지대이기 때문에 공간만 확보된다면 이용에 큰 어려움은 없다. 바다 주변을 매립하여 만든 공간은 주로 화력발전소, 원자력발전소, 산업 단지 같은 국가 기반 시설을 건설하거나, 인구 과밀 지역에서는 주거용지로 이용하기도 한다. 국가 기반 시설 중 각종 발전소를 운영하려면 방대한 양의 냉각수가 필요한데 내륙에서는 그렇게 많은 양의 물을 지속적으로 공급받기가 어렵기 때문에 이들 시설이 바닷가에 자리 잡는 것은 자연스러운 일이기도 하다.

예로부터 농업을 중시하던 우리나라는 전통적으로 농업용수 확보를 위해 하굿둑이나 방조제를 건설해 왔다. 우리나라 서해안에 건설된 대부분의 방조제는 농업용수를 확보하기 위해 만들어졌다. 최근 인구가 늘고 산업이 발달하면서 농업용수 외에 생활용수와 공장용수 등 필요한 수자원의 양이 늘었을 뿐만 아니라 주거용지와 산업 단지 건설을 위한 많은 공간 확보가 필요해지면서 여러 목적으로 이용하기 위한 방조제 건설 사업이 늘어나고 있다. 연안 생태계를 파괴시킨다는 반대에도 불구하고 국토가 좁은 우리나라로서는 늘어나는 토지 수요를 만족시키려면 구체적이고 확실한 다른 방법을 찾지 못하는 한 앞으로도 당분간은 하구 연안의 매립은 어쩔 수 없이 계속될 것이라 생각된다. 정책 결정자의 사심 없는 현명한 판단이 필요한 대목이다.

다음은 휴식 공간으로서 하구의 역할이다. 보통 하구는 강의 흐름 중 가장 공간이 넓어지는 곳이므로 수상 공간도 넓게 확보할 수 있어서 다양한 수상 스포츠와 레저 활동을 하기에 적합하다. 또한 국민의 생활 수준이 높아질수록 자연이 주는 정서 함양에 대한 욕구도 커지기 때문에 생태 공간으로서의 가치는 시간이 흐를수록 더 커질 것이라 생각된다. 더불어 하구 환경과 생태계는 매우 복잡하고 다양한 환경 변화가 일어나는 공간이기 때문에, 각종 연구와 교육이 이루어질 수 있는 연구 교육 공간으로서의 가치도 크다. 현재 우리나라는 하구를 활발하게 이용하고 있는 편은 아니지만, 하구의 잠재적 이용 가치가 높아진다면 하구를 현재 상태로 그대로 유지하면서도 이용 효율을 높일 수 있도록 하구 환경의 유지와 복원에 힘써야 할 것이다. 이로써 자연과 인간이 공동으로 이용하는 미래의 바람직한 하구 이용이 가능해질 것이다.

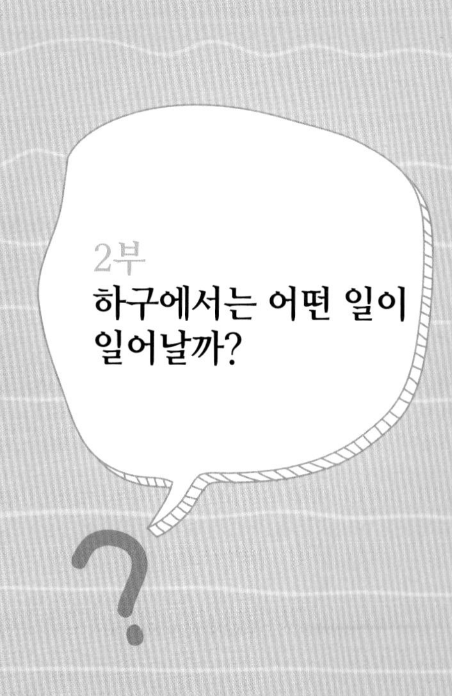

2부
하구에서는 어떤 일이 일어날까?

물의 흐름과 염분 성층

어떤 성질에 의해 수층이 나뉘고 각 층마다 뚜렷한 차이가 나는 모든 것을 '성층'이라 하며, 성층의 강도는 강하고 약한 정도로 구분한다. 또한 수온이 차이가 나면 수온 성층, 염분의 차이는 염분 성층, 물 흐름유속 등이 차이가 나면 흐름 성층 등 성질에 따라 다양한 성층이 생길 수 있다.

고인 물의 대표적 특성을 가진 호수에서는 열전달의 차이로 발생하는 온도 성층이 대표적인 반면, 하구에서는 흐르는 물이 고인 물과 만나 생기는 흐름 성층, 민물과 짠물이 만나 일어나는 염분 성층, 그로 인한 밀도 차이로 생기는 밀도 성층이 대표적이다. 참고로 민물의 밀도는 1000kg/m^{3}이고 짠물은 1025kg/m^{3}이므로, 짠물바닷물이 민물강물보다 1세제곱미터당 약 2.5퍼센트25킬로그램 정도 무겁다. 하구는 민물과 짠물 사이에 있으니 밀도도 그 중간 정도이지만, 염분에 따라 변하여 염분이 높으면 밀도가 크고 염분이 낮으면 밀도가 작다.

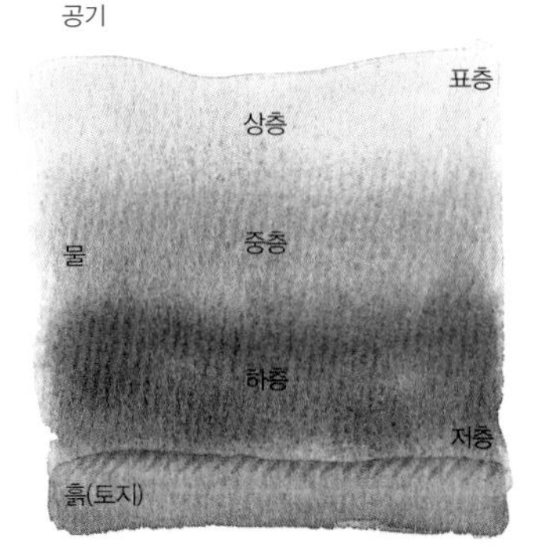

성층과 관련된 수층의 구분 성층은 각 층마다 성질의 차이가 뚜렷하게 나타나는데, 수층의 경우 대개 상층, 중층, 하층으로 구분하고 상층보다 윗부분은 표층, 하층보다 아래의 바닥은 저층이라고 한다.

호수에서 발생하는 온도 성층은 흐름이 없는 잔잔한 수역에서도 일어나기는 하지만, 하구에서 좀 더 특징적으로 나타나는 흐름 성층과 염분 성층의 다양한 모습과 원인을 살펴보기로 한다.

하구는 강물로 대표되는 담수와 바닷물로 대표되는 짠물이 섞여 염분이 적은 기수로 채워진 물길이다. 하구에서 물이 흘러가는 모습은, 강의 흐름을 결정하는 물의 양과 바다의 흐름을 결정하는 조석과 파랑의 힘에 의해서 시간이나 장소에 따라 크게 달라진다. 예를 들어, 바다에서 일어나는 조석의 영향이 약해서 해수와 담수가 잘 섞이지 못했다고 가장 단순한 경우를 가정해 보자. 강에서 하구바다 쪽로 유입되는 담수는 자신보다 무거운 바닷물 위로 올라가므로 상층표층에 담수층, 하층 또는 저층에는 강 쪽으로 밀려 올라오는 바닷물이 해수층을 형성하게 된다. 담수층은 강물이 끊임없이 들어오기 때문에 바다 방향으로 흐르고, 해수층은 강 쪽으로 거슬러 올라가게 된다. 이렇게 담수층과 해수층이 뚜렷하게 분리될 때에도 담수와 해수의 경계면에서는 일부 바닷물이 강물의 흐름에 빨려 들어가 담수층에 포함되어 다시 바다 방향으로 흘러나가기도 한다. 하구에 있는 물의 양과 염분은 시시각각 변하지만 긴 시간에 걸쳐 평균을 내면 일정한 물의 양과 일정한 염분을 유지하기 때문에 바다 방향으로 흘러가는 강물에 휩쓸려 간 바닷물은 다시 바다로부터 보충되어야 한다. 물론 물과 더불어 염분의 양도 보충되어 보존된다. 이는 바다로부터 하구로 흘러들어 가는 하층과 저층처럼 주로 일정 수심 이하에서 하천 방향으로 흐르는 바닷물로 보충된다.

따라서 담수층표층, 상층은 하구에 만들어진 담수와 바닷물의 경계면을 통하여 약간의 바닷물이 계속 유입되면서 염

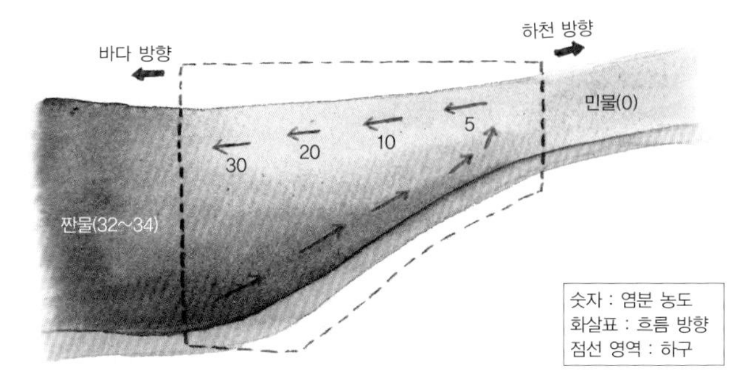

일반적 흐름의 하구 순환 가벼운 강물은 위로 흘러가고, 무거운 바닷물은 아래쪽에서 흘러들어 오면서 시계 반대 방향으로 하구 순환이 일어난다. (염분 단위 : 퍼밀)

분이 조금씩 증가하는 형태로 바다 방향으로 흘러나가고, 염수층저층, 하층에서는 담수층으로 유입되어 버린 바닷물의 양과 바닷물 속의 염분을 보충하기 위하여 더 많은 바닷물이 하천 방향으로 흘러들어 오게 된다. 하구에서는 이러한 유형의 물 흐름이 가장 대표적이고 일반적이다.

만약 이러한 순환이 유지되지 않는다면 하구는 점점 말라 수위가 낮아지거나, 아니면 점점 불어나서 수위가 높아지거나 넘쳐 버리게 된다. 염분도 마찬가지로 바다로부터 보충할 수 없게 되면 하구는 점점 담수로 변해 갈 것이고, 반대로 바닷물의 유입이 지나치게 활발해지면 바닷물과 같은 염분을 유시하게 되어 바닷물이 되어 버린다. 어떤 경우

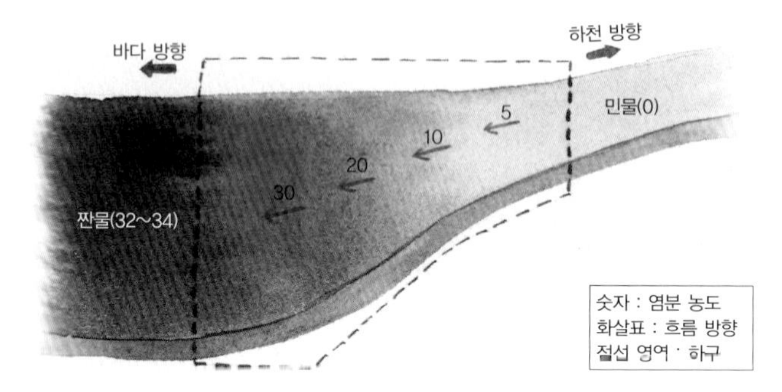

완전 혼합일 경우의 하구 순환 상층과 하층이 완전하게 혼합되는 경우, 수직 방향의 염분 변화는 사라지고, 바다 쪽으로 갈수록 염분이 증가하는 경향만을 띤다. 희석 과정만 존재한다. (염분 단위: 퍼밀)

이든 만약 그런 일이 일어난다면 하구는 더 이상 하구가 아니다.

이와 같은 전형적인 순환 유형을 기본으로 해서 바닷물의 흐름에 의한 혼합이 강화되면서 상층의 담수층과 하층의 해수층이 섞이는 정도에 따라서는 다른 유형의 흐름이 생길 수 있다는 것을 추측할 수 있다. 담수층과 해수층이 완전하게 섞이는 완전 혼합일 경우에는 기본적으로 하구 순환은 없어지고 강에서 바다 방향으로 점점 약해지는 흐름만 존재한다.

상층과 하층의 혼합이 중간 정도로 일어나는 완전 혼합과 약한 혼합 사이에서는 상층의 담수층이 바다 방향으로

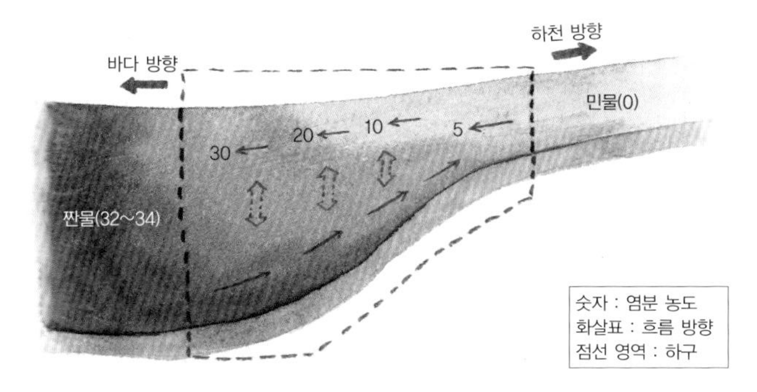

중간 혼합일 경우의 하구 순환 수직 방향의 염분 경사가 약하지만, 상층과 하층의 순환은 보인다. (염분 단위 : 퍼밀)

흐르는 흐름과 하층의 해수층이 하천 방향으로 흐르는 흐름으로 구성된 하구 순환의 유형을 보인다. 단, 상층의 바다 방향으로의 강물 흐름과 하층 하천 방향으로의 바닷물 흐름은 모두 줄어든다. 수직 방향으로의 평균 흐름은 모두 같고, 상층과 하층의 흐름 크기에 차이만 있는 것이다.

하구의 흐름에 규칙적으로 영향을 미치는 것이 조석이라면 계절적으로 일시적인 영향을 미치는 것은 강물의 양이다. 강물의 양은 비가 오고 안 오고에 따라 크게 차이가 나기 때문에 강물의 양에 따라 하구 흐름의 모습은 달라진다. 다음 쪽의 2007년도 한강의 1일 평균 수량의 1년 동안의 변화를 나타낸 그래프를 보면, 평상시에는 초당 200톤 정도를

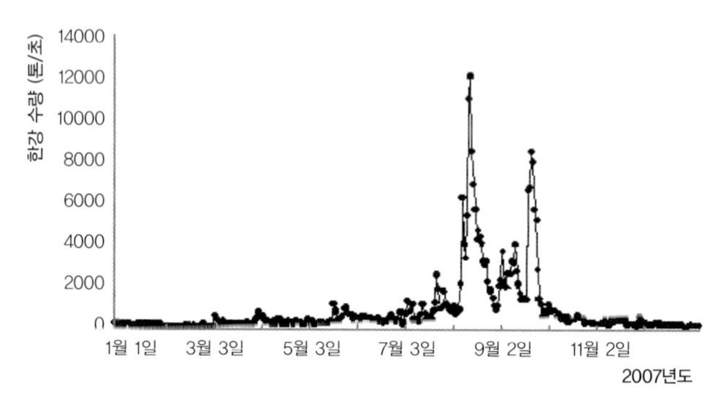

2007년 한강의 1일 평균 수량 한강의 흐름은 평상시에는 하구 흐름에 미치는 영향이 매우 적지만, 비가 많이 와서 강물이 크게 불어나면 유속도 빨라지고 수위도 높아진다.

유지하다가 비가 많이 오는 여름철 우기에는 초당 8000~1만 2000톤으로 평소보다 약 40~60배 정도나 늘어난다. 이 경우는 1년이란 시간의 흐름 중에서는 아주 잠깐 동안이지만, 강이 하구에서 힘을 발휘하는 시기다. 그러나 바다는 크다. 아무리 큰 홍수라 할지라도 먼바다까지 그 힘을 뻗치지는 못한다. 하구는 강이 힘을 쓰는 마지막 공간일 뿐이다.

하구에 쌓이는 흙모래

강물은 순수한 물만 흐르는 것이 아니라 물속에 무엇인가를 가지고 움직이게 된다. 그 무엇이란 어떤 것일까? 도시에 살며 도심을 가로질러 흐르는 강물을 본 사람은 '쓰레기'라고 대답할 가능성이 높다. 맞는 말이다. 그러나 쓰레기처럼 눈에 띄는 것뿐만 아니라 눈으로 볼 수는 없지만 물에 녹거나 섞여서 물과 같이 흘러가는 것도 있다.

물에 섞여 흐르는 것 중에는 물의 색깔을 흐리거나 바꾸는 것들이 있는데 대표적인 것이 '흙'이다. 흙탕물은 바로 물에 흙가루가 섞여서 혼탁해진 물이다. 물에 섞여 이동하는 흙을 ‘흙모래土砂’ 또는 ‘유사流砂, 흐르는 모래’라고 한다. 육지가 아니라 바다에서 흙모래가 물과 함께 이동하기도 하는데 이때는 떠돌아다니는 모래이므로 ‘표사漂砂’라고 해야 정확한 표현이다.

지질학에서는 흙을 그 크기에 따라 자갈, 모래, 실트, 뻘개흙, clay로 구분하고 있다. 좀 더 세밀하게 큰 자갈, 작은 자갈, 굵은 모래, 가는 모래, 실트, 뻘로 나누기도 하는데, 이보다 더 세밀하게 분류하는 학자도 있다. 강물은 자갈을 포함하는 흙을 운반하는데 강물이 운반할 수 있는 흙의 크기는 강물 흐름의 속도, 즉 유속이 결정한다. 따라서 강물의 흐름은 보통 상류보다는 하류가 느리기 때문에 하류로 갈수록 자갈이나 굵은 모래를 더 이상 옮기지 못하고 가는 모래나 실트, 뻘 등만을 운반하게 된다. 물론 같은 하류라고 해도 강물의 양수량이 많거나 늘어나면 유속이 빨라지므로 평상시 운반하는 흙보다 좀 더 굵은 흙을 운반하기도 한다.

보통 흐르는 물이 고인 물과 만나는 하구에서는 강물의 흐름 속도가 크게 줄어들기 때문에 육지에서부터 운반해 온 흙을 바다까지 옮겨 가지 못한다. 물보다 무거운 흙은 바닥으로 서서히 가라앉게 된다. 이렇게 하구 바닥에 흙모래가 쌓이는 것을 하구에서의 흙모래 퇴적현상이라 한다. 이러한 퇴적현상으로 하구 입구가 막히기도 하고, 큰 파도가 치거나 홍수가 나서 강물이 불어나 하구의 유속이 커지면 흙모래를 여기저기로 이동시키기 때문에 하구의 수심은 늘 변하게 된다. 하구의 수심이 항상 변하기 때문에 하구 연안을 운항하는 배가 하구 바닥에 걸려 멈추거나 뒤집히는 일도 가끔 일어난다. 하구에서의 퇴적현상은 이 분야를 공부하는 과학자에게도 여전히 어려운 과제로 여겨진다. 여러분이 도전해 볼 만한 영역이다.

강과 바다의 힘겨루기

| 강의 짧은 한판승 _갯터짐 |

하구 바닥에 가라앉은 흙모래는 영원히 그대로 있을까? 대답은 그렇지 않다. 하구의 특성 중의 하나가 '동적'이라고 이미 이야기했다. 하구 흐름의 세기가 더 이상 흙모래를 운반하지 못할 정도로 약해져서 흙모래를 바닥에 가라앉혀야 하는 상황이 있다면, 가라앉혔던 흙모래를 다시 이동시킬 수 있을 만큼 강한 흐름의 세기를 되찾는 시기도 있다. 예를 들어, 집중호우가 쏟아져 강물이 불어난 홍수 때에는 하구 흐름의 세기가 커져서 하구에 퇴적되었던 흙모래를 다시 움

직여 조금 더 바다 쪽으로 이동시키게 된다. 그 다음에는 이어달리기라도 하듯 강은 흙모래의 움직임을 바다에게 바통을 넘긴다. 바다에서는 바닷물의 흐름을 따라 흙모래가 이동하게 된다.

그런데 하구에서는 흙모래를 바다 쪽으로만 이동시키는 것이 아니라, 이와는 반대로 바다 쪽에서도 조석 등의 힘이 작용하여 강 쪽으로 되밀어 올리는 흐름도 일어난다. 비교적 규칙적인 조석에 의한 흐름과, 홍수나 태풍과 같이 매년 발생하기는 하지만 매우 불규칙한 바람이나 파도에 의한 흐름이 발생하는 경우가 대표적이라 할 수 있다.

우리나라의 동해안에서는 바다로 흘러드는 강의 끝부분하구 또는 석호와 바다가 연결되어 있는 부분을 보면 평상시에는 바다로부터 밀려드는 파도의 영향으로 하구가 모래로 막혀 있는 모습을 쉽게 볼 수 있다. 이 모래 둑모래톱 때문에 강물은 아주 좁은 물길을 따라 바다로 흘러들거나 모래톱을 통과하여 바다로 이동하게 된다. 강물의 약한 흐름이 모래톱을 밀어붙일 힘이 없기 때문에 강물은 흐름을 멈추거나 모래 속으로 스며들어서 천천히 바다로 흘러들어 간다.

이러한 자연스러운 현상이 잠깐 동안이지만 깨질 때가

있다. 강물이 힘을 키워 하구를 막고 있는 모래 둑을 허물어 버리는 '갯터짐현상'으로, 동해안의 석호나 강어귀에서 홍수 때에 볼 수 있다. 물론 비가 멈추고 2~3일쯤 시간이 흐른 뒤에는 다시 파도가 힘을 발휘하여 모래톱을 또 만들어 낸다. 이 재미있는 현상은 주로 동해안에서 볼 수 있다. 반대로 평상시보다 파도가 강해져서 하구 쪽으로 모래 둑이 터지는 '갯터짐현상'이 일어날 때도 있다. 결국 갯터짐현상은 민물과 바닷물이 바다와 호수석호, lagoon 또는 바다와 강처럼 비교적 분명하게 공간적 구분을 갖고 나뉘어져 있다가 갑자기 만나는 현상을 통틀어 말한다.

| 바다의 반격과 강의 저항 |

하구에서 일어난 갯터짐현상으로 강이 짧은 시간 동안 승리를 즐긴다면, 바다는 하구에서 꽤 긴 시간 동안 힘을 발휘한다고 할 수 있다. 바다는 조석과 파도라는 무기를 가지고 항상 하구를 통하여 강을 공격하기 때문이다. 바다의 공격 양상과 강의 저항으로 일어나는 일들이다.

■조석 왜곡tidal distortion 우리나라 서해안에서 특히 활발한

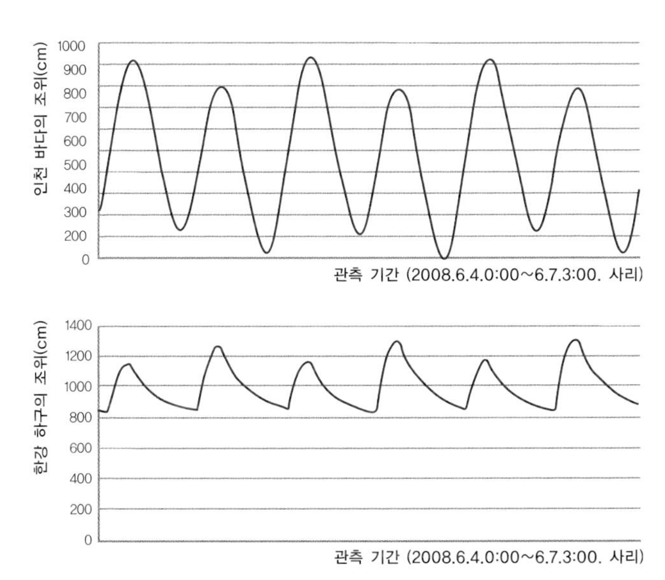

인천 바다와 한강 하구에서 조류가 방향을 바꾸는 지점의 조위 변화 바다의 조위 변화는 그래프가 거의 대칭을 이루는 데 비해 하구에서는 심한 비대칭의 모습을 나타낸다.

조석현상은 보통 바닷가의 한 지점에서 조위 변화를 관측하면 그 특성을 알 수 있다. 하천의 영향이 적은 바다에서의 조위 변화는 거의 대칭을 이룬다(인천 바다의 조위 변화 그래프 참조). 조위 변화의 형태가 대칭이라는 뜻은 바다에서의 조위가 올라가는 시간밀물 시간과 내려가는 시간썰물 시간이 거의 같다는 것이다. 대략 그 시간은 6시간 12.5분12시간 25분/2이다.

그런데 하구에서는 바다로 향하는 강물의 영향을 지속

적으로 받기 때문에 바다로 향하는 흐름이 강화되어 조위 변화의 그래프 모습은 대칭에서 벗어나 있다(한강하구 조위 변화 그래프 참조). 강의 수위와 바다의 조위가 만나기 때문에 매우 복잡한 모습을 보일 것이라 생각할 수 있으나, 하구의 범위를 감조하천 구간으로 좁히면 바닷물의 양이 많기 때문에 바다 쪽으로 갈수록 기본적인 조위 변화의 형태를 유지한다. 그러나 하구는 바다가 아니므로 강의 영향을 무시할 수 없는 곳이다. 강물이 계속 하구로 밀려들어 왔다가 바다로 흘러가기 때문에 하구로 들어오는 바닷물은 어느 정도 강물에 밀리게 된다. 강물의 흐름에 밀리다 보면 조수 간만의 차는 작아지고 밀물의 흐름은 약해지며 썰물의 흐름은 강해지게 된다. 그러나 고조와 저조 수위를 어느 정도 유지하려다 보니 밀물 시간은 짧아지고 썰물 시간은 길어지는 조위 비대칭조위 왜곡현상이 일어나게 된다. 조위 왜곡현상은 결국 강물의 흐름 때문에 바닷물의 정기적이고 규칙적인 현상이 영향을 받는 것이니 강물의 반격이 될 수도 있다. 이것이 하구의 특성이기도 하다. 보기 나름이다.

■해소Tidal bore 다소 낯선 용어인 해소는 하구 끝 부분에

수치로 보는 강과 바다의 힘겨루기 하구에서는 조수 간만의 차가 줄어든다.

연안 지점 조위	사리			조금		
단위 : cm	조차	고조	저조	조차	고조	저조
인천(인천항)	924	926	2	477	703	226
한강 하구(전류)	456	1306	850	301	1111	810

서 조위가 높아졌을 때에 물이 점프하는 도수跳水, hydraulic jump나 파도가 부서지는 쇄파의 형태로 발생한다. 썰물 때에 바다 방향으로 빠르게 흐르던 강물의 흐름이, 바다로부터 물이 밀려오는 밀물로 바뀌면서 수위가 상승하게 된다. 이때 하구 수위와 바다 수위의 격차가 크게 나면서 수위가 불연속적으로 점프하는 현상이 일어난다. 바닷물이 점프하면서 강에서 흘러오는 물 위로 올라타고 강하천 방향으로 밀려가는 모습을 보인다. 해소는 밀물 때 발생하는 현상으로 썰물 때는 일어나지 않는다.

해소는 주로 간만의 차가 크고 삼각형 모양으로 생긴 하구, 즉 바다에서 강 쪽으로 급격하게 폭이 좁아지고 비교적 수심이 얕은 하구에서 일어난다. 짧은 시간 동안 진폭이 큰 파동의 형태로 일어나기 때문에 처음 발생한 파동이 가장 크고, 작은 파가 뒤를 이어가는데 처음 파동에 압도되어 이어지는 파동은 무시되기 쉽다. 주로 하구에서 일어나는 해소현상은 브라질의 아마존 강 하구, 중국 항저우 젠탄지앙 하구, 캐나다 동부 노바스코샤 하구 등에서 대규모로 일어난다. 규모는 작지만 한강 하구에서도 해소현상은 일어난다. 한강 하구의 해소는 하구에 건설된 신곡수중보를 넘어서면서 급격하게 작아진다.

■하구 부진동 보통 호수나 항만, 만灣에서 폭풍이나 강한 바람이 불다가 멈추면 바다의 파도가 낮아지면서 물이 평형을 이루려고 할 때 발생하며 수 분 또는 수 시간을 주기로 수면이 상승 · 하강하는 현상이다. 그런데 하구와 연결되어 있는 항만이나 연안의 폐쇄된 만에서 발생한 부진동이 하구로 전파되는 경우가 있는데 이때는 하구에서도 부진동 현상이 일어난다. 하구에서 발생하는 부진동의 주기는 조석 주기보다는 짧고 파도 주기보다는 길어서 대략 10~60분 정도 걸린다. 이론적인 최대 주기는 식으로 정리되어 있어서 간단하게 계산할 수 있다.

우리나라에서는 인공 하천수로이기는 하지만 부산시 동삼동에 있는 인공 수로에서 발생한 경우가 확인된 적이 있다. 파고는 30~60센티미터 정도, 주기는 대략 20분 내외였던 것으로 알려져 있다. 부산항에서 발생한 항만 부진동이 수로로 전파되었던 것이다.

하구는 비교적 완만한 경사를 이루고 있기 때문에 이론적으로 부진동이 발생하는 해역에서는 하구까지 전파될 것이라 예측할 수 있다. 포항 영일만에 위치한 형산강 하구나 울산항이 위치한 태화강 하구, 광양만에 위치한 섬진강 하구에서는 어떨까? 이곳으로 여행갈 기회가 있거나 근처에 살고 있는 사람이라면 관심을 가지고 관찰해 보면 재미있을 것이다.

강물과 바닷물은 어떻게 섞일까?

하구는 특성이 서로 다른 강물민물과 바닷물짠물이 만나는 곳이므로 물속에 들어 있는 여러 성분의 물질들이 어떻게 섞이는가는 하구의 흐름을 보면서 판단해야 한다. 보통 민물과 짠물이 만나 섞이는 것이므로 염분이 변하는 것을 섞임의 기준으로 삼는다. 하구에서 염분의 변화는 강물과 바닷물의 양이 각각 어느 정도를 차지하고 있는가에 따라 달라지므로 이는 양적인 혼합 과정이다.

물속의 염분은 어디로 없어지거나 새로 만들어지는 것이 아니기 때문에, 염분이 없는 강물이 하구에서 바닷물과 섞이면서 바닷물의 염분이 묽어지는 과정이라고도 할 수 있다. 중학교에서 배우는 소금물 용액의 농도를 계산하는 문제, 즉 민물과 소금물 또는 민물에 녹아 있는 소금의 양 등으로 소금물 용액의 농도를 계산하는 것과 같다. 자연에서 강과 하구, 바다의 수량에 비하면 그 양은 엄청나게 차이가 나지만 비율은 차이가 없다.

또한 강물과 바닷물이 만나 섞이면서 물에 포함되어 있는 물질(주로 오염물질)들도 섞이게 된다. 이 과정을 정확히 확인하려면 '물의 양수량'과 '농도수질'에 대한 정보가 있어야 한다. 즉, 강물의 양과 강물 속에 녹아 있거나 섞여 있는 물질의 농도와, 바닷물의 양과 그 속에 녹아 있거나 섞여 있는 물질의 농도가 둘 다 필요하다.

사실은 이들 정보를 모두 갖고 있다고 해도 하구에서 일어나는 물속 물질들의 혼합 과정을 한두 마디로 설명하기는 어렵다. 강물과 바닷물에 녹아 있거나 섞여 있는 물질의 종류와 양은 항상 일정한 것이 아니라 시시때때로 달라지는데 물질 각각의 물리적 흐름, 화학적 반응의 특성, 하구 생물에 의한 섭취와 배설분비 양상 등에 따라서 달라지기 때문이다.

그러나 보존성 물질의 혼합 과정을 기준으로 만들어진 희석곡선dilution curve을 이용한다면, 물질들이 서로 다른 양상을 보이더라도 염분에 따라 어떤 물질의 농도 변화를 그려보면 크게 3가지 유형으로 구분된다. 하구에서 보존되는 물질은 직선 형태를 보이고, 하구에서 생성되는 물질은 희석곡선 위로 볼록한 형태, 하구에서 사라지는 물질은 희석곡선 아래로 오목한 형태를 보이는 곡선이 그려진다. 오로지 희석 과정만이 하구에 존재한다면 하구에서의 모든 물질의 혼합 과정은 직선 형태를 유지하게 된다. 그러나 복잡한 것이 하구라고 했다. 직선 형태의 희석곡선은 기준으로만 이용되는 경우가 많다.

물질 중에는 강물에 많이 포함되어 있는 물질이 있고, 바닷물에 많은 물질도 있다. 대표적이라 할 수 있는 염분의 혼합은 앞에서 이야기했으므로 염분 이외의 물질에 대하여 알아보자. 보통 민물과 짠물이 섞이는 하구의 기수에 녹아 있는 물질은 강물에 많은 것과 바닷물에 많은 것으로 나뉜다. 강물보다 바닷물에 더 풍부하게 녹아 있는 물질로는 칼슘Ca, 마그네슘Mg, 칼륨K, 염소Cl, 황산염SO_4 등이 있고, 바닷물보다는 강물에 풍부한 물질은 철Fe, 알루미늄Al, 인P, 질소N, 규소Si와

기타 용존 유기물질 들이다.

강물에 더 풍부한 물질은 하구에서 바다 쪽으로 갈수록 바닷물에서의 농도로 점점 줄어들고, 바다에 더 풍부한 물질은 하구를 지나면서 그 농도가 바닷물에서의 농도로 점점 증가하게 될 것이다. 하구에서 희석 과정만 일어난다면 맞는 말이다. 그러나 하구에는 생물이 살고 있으며, 흙모래가 퇴적되어 있기 때문에 매우 복잡한 양상을 보인다. 특히 영양염류에 해당하는 질산염, 인산염, 규산염 등은 식물이 양분으로 이용하기 때문에, 강물이 하구로 운반하는 양보다 더 많은 양을 하구에서 소비하게 될 때에는 부족한 양을 바다에서 공급해야만 한다. 이런 경우에는 하구의 영양염류 농도가 강과 바다의 중간 정도가 아니라 아주 낮거나 높은 농도를 유지할 수도 있다. 하구에서는 물리적인 희석 과정과 화학적 반응 과정보다는 생물이 만들어가는 환경 변화가 더 복잡하고 어렵기 때문이다. 최근 하구 연구는 이 분야에 집중되고 있으며, 하구가 여러분의 도전을 기다리고 있는 이유이기도 하다.

하구의 해수 교환율

고인 물이 환경오염에 얼마나 대항할 수 있는지(자정 능력)를 평가하는 방법 중의 하나가 교환율(단위는 시간)이다. 담수가 유입되는 바닷가에서는 해수 교환율이라고도 한다. 수리학적 정체 시간으로 표현되는 이 단어는 간단하지만 중요한 개념이다. 정체 시간이 길어질수록 오염물질이 체류하는 시간은 길어지므로 오염이 심해지고, 정체 시간이 짧을수록 오염물질의 체류 시간도 짧아져서 오염의 정도는 약해진다.

정체 시간을 계산하려면 우선 호수나 바다로 대표되는 고인 물의 부피를 알아야 한다. 호수나 만(또는 항구) 등은 경계가 명확하지만, 하구나 연안 등은 경계마저 애매하다. 그래도 임의로 경계를 정하고 수심을 알면 부피를 계산해 낼 수 있다. 그 다음에는 임의로 정한 경계 안으로 들어오는 물의 양과 나가는 물의 양을 알아야 한다. 우리가 관심을 가지는 곳의 물의 부피가 일정하다면 들어오는 물의 양이나 나가는 물의 양은 서로 같아야 한다.

이렇게 필요한 수치를 알았다면 정체 시간(해수 교환율)은 다음과 같이 계산할 수 있다.

$$\text{해수 교환율} = \frac{\text{하구의 부피}}{\text{유입되는 물의 양}} = \frac{\text{부피}}{\text{유출되는 물의 양}}$$

식은 간단하지만 호수나 흐름이 약한 강의 정체 영역과는 달리 하구나 바닷가에서는 약간 복잡하다. 호수나 강에서는 상류의 강물이 흘러들어유입 오거나 하류로 흘러나가기유출 때문에 호수의 부피를 유입되거나 유출되는 양으로 나누면 된다. 하늘에서 유입되는 강수량이나 하늘대기로 유출되는 증발량은 포함시킬 수도 있으나, 면적이 좁을 경우에는 무시해도 된다. 바다에서는 조석이나 파도에 의한 흐름으로 유입되거나 유출되는 양이 포함된다. 조석의 영향이 큰 하구에서는 강물에 의한 유입량보다 조석에 의한 유입량이 대부분을 차지하는 경우가 많아서 하구나 만에서의 해수 유입량과 유출량을 계산해야 한다. 이 계산된 유입량과 유출량으로 하구나 만의 부피를 나누면 해수 교환율정체 시간이 된다.

그러나 하구는 강이나 호수와는 달리 일정한 방향으로만 물이 흐르거나 오염물질이 이동하는 것이 아니라 조석에 의한 왕복 흐름의 영향이 크기 때문에, 오염물질의 단순한 왕복 이동만 발생하는 경우에는 정체 시간이 짧더라도 오염물질이 오랫동안 체류하여 오염이 심해질 수도 있다. 해수 교환율보다는 염분을 이용한 해수 혼합률이 의미가 크다는 뜻이다.

기수에서 살아가는 생물

| 하구 생물의 먹이사슬 |

강물과 바닷물이 만나는 하구는 민물에서 사는 생물과 짠물에서 사는 생물이 만나는 곳이기도 하다. 민물고기도 있고 바닷물고기도 있으니까 강이나 바다보다 많은 종류의 생물이 살고 있을 것이라 생각하기 쉽지만, 실은 환경 변화가 심하기 때문에 변덕스러운 환경에 적응한 몇몇 종만이 살고 있다. 그러나 일단 하구 환경에 적응만 하면 먹이가 풍부하여 개체 수를 늘리는 데는 어려움이 없으며, 활발한 광합성은 물론 포식과 번식 활동으로 생산성도 크게 증가한다.

하구에 적응해 살아가는 생물 종을, 이들이 하구라는 서식 공간에서 어떠한 역할을 하는가에 따라 생산자와 소비자 그리고 분해자로 나눌 수 있다. 물론 소비자 중에는 조류, 양서류, 파충류, 포유류에 속하는 종도 있지만, 여기서는 물이라는 서식 환경의 영향을 많이 받는 물고기어류에 초점을 맞추어 이야기해 보자. 원래 생산자 → 소비자 → 분해자로 이어지는 생태계 고리는 돌고 돌기 때문에 엄밀하게 말하면 시작도 끝도 없는 것이지만, 생산자에서 시작하는 것이 일반적이다.

■**생산자** 기본적으로 생산자는 태양 에너지를 받아 생물이 아닌 무기물을 양분으로 삼아서 자신의 생명을 구성하는 유기물을 생산한다. 이들의 생산 능력은 유기물을 구성하는 대표 원소인 탄소의 생산량, 즉 연간 단위면적당 생산량일차생산량으로 나타낸다.

하구의 대표적인 생산자는 식물플랑크톤으로, 광합성 작용을 해서 유기물을 생산하는 미세조류이다. 미세조류와 더불어 수생식물도 하구의 생산자 중의 하나다. 미세조류와는 달리 뿌리로 양분을 빨아들이며 물에 살고 있을 뿐 육지의 식물과 기본적으로 같은 부류에 속한다.

하구에 살고 있는 식물과 식물플랑크톤은 양분이 아무리 많다고 해도 빛이 없으면 살 수 없다. 빛을 받아 광합성을 해야만 성장할 수 있기 때문이다. 그래서 이들은 주로 물가나 빛이 잘 들어오는 표층에 서식하게 된다. 미세조류는 스스로 이동하는 능력이 없어서 하구의 물 흐름에 따라 이리저리 흘러 다닌다. 물론 연안의 바위 등에 붙어서 살며 광합성을 하는 대형 해조류는 물의 흐름과는 상관없이 한곳에 머물러 살기도 한다.

수생식물과 식물플랑크톤 등은 모두 생물이기 때문에 죽으면 입자 상태의 유기물이 되어 하구 바닥에 가라앉거나 물이 흘러가는 대로 바다로 흘러들어 간다. 바다로 흘러가지 않고 하구 바닥에 가라앉는 경우에는 유기물이 쌓이는 것이므로, 하구 오염의 원인이 되기도 한다. 아무튼 이후 유기물은 '분해자'의 손길에 맡겨지게 된다.

■소비자 일반적으로 상품을 만드는 쪽보다는 소비하는 쪽이 다양하기 마련이다. 생물의 세계도 크게 다르지 않다. 하구 생태계에서의 소비자 단계도 여러 부류로 나눌 수 있

다. 제일 먼저 하구의 생산자들을 먹이로 하는 동물플랑크톤과, 이 동물플랑크톤 등을 먹이로 하는 유영생물이 소비자 단계의 아랫부분을 차지하는 무리다.

하구의 생산자인 식물플랑크톤은 성장 조건만 맞으면 기하급수적으로 늘어나기 때문에 이들은 자연적인 제어조절가 필요하다. 동물플랑크톤이 이들을 먹이로 먹음으로써 제어해 주는 역할을 한다. 동물플랑크톤도 스스로 활발하게 이리저리 돌아다닐 능력은 없기 때문에 물이 움직이는 대로 이동하며 먹이를 먹는다. 저서생물은 하구 바닥이나 조간대의 적절한 공간을 차지하고 사는 정착 생물로, 물의 흐름을 따라 이동하지는 않지만 먹이나 서식 환경에는 민감하다. 주로 하구 바닥의 퇴적물질에 의존해 살기 때문에 퇴적물질의 크기에 따라 서식 여부를 결정하거나, 조간대에서는 조수 간만의 차이로 물에 잠기거나 공기에 노출되는 시간에 따라 서식 여부를 결정하기도 한다.

동물플랑크톤과 저서생물은 '부유생태계', '저서생태계'라 이름 붙여서 구분할 만큼 하구 생태계의 중요한 단계를 차지하고 있다. 그럼에도 하구에서의 물 흐름이나 혼합 등 물리현상에 관한 연구 수준에 비해 이들에 대한 연구는 활발하지 못하여 아직 하구 생태계는 미지의 세계로 남아 있다.

하구의 소비자 단계 중에는 식물플랑크톤을 먹이로 삼아 성장, 번식한 동물플랑크톤이나 저서생물을 먹이로 하는 소비자도 엄연히 존재한다. 하구에서는 물고기가 대표적이다. 물론 이 물고기를 먹이로 잡아먹는 새나 포유류 등도 하구를 찾아오기 때문에 무시할 수 없는 상위의 소비자들이다. 그러나 모든 소비자들 역시 죽어서는 다른 소비자의 먹이가 되거나 분해자의 손길에 내맡기게 된다.

■**분해자** '유기물'을 분해하거나 물리적으로 조각내어 '무기물'로 바꾸는 역할을 하는 자연의 대표적인 분해자는 두말할 것도 없이 박테리아와 균류인데, 하구 생태계에서는 그중 박테리아가 대표적이다.

박테리아도 생물이므로 유기물을 분해하는 데는 산소가 필요하다. 이와 같이 산소 호흡을 하는 것을 '호기성 박테리아'라고 한다. 박테리아 중에는 산소가 없는 환경에서도 질소 호흡 등을 통하여 분해 활동을 할 수 있는 '혐기성 박테리아'도 있다. 호기성 박테리아를 기준으로 생각하면,

하구 바닥으로 식물이나 플랑크톤 등의 사체 같은 것이 가라앉으면 '유기물'이 많아진 것이므로 박테리아가 활발하게 분해 활동을 진행한다. 따라서 박테리아가 산소를 많이 사용하게 되므로 하구 바닥의 물속은 산소가 줄어들거나 없는 환경으로 바뀔 수 있다.

여하튼 박테리아는 유기물을 분해하여 무기물의 형태로 만들어 내기 때문에 이 '무기물'을 양분으로 이용하는 생산자인 식물플랑크톤 등에게 순환의 고리가 연결된다. 이렇게 하나의 생태계 순환 사이클이 만들어지고, 그 속에서 자연스럽게 에너지 순환 사이클도 이루어지게 된다.

| 먹이는 풍부한 하구 |

하구는 생물이 살기 편한 장소는 아니다. 염분, 수온, 수위의 변동 등 환경의 변화가 급격하게 일어나는 전이 지대라는 제약 때문에 해양이나 담수 생태계보다는 서식하는 동식물의 종이 적다. 그럼에도 일단 환경에 적응한 동식물은 번성하는 편이다. 바다와 하천 양쪽으로부터 운반되는 풍부한 영양염류가 하구를 식물과 식물플랑크톤이 성장하기 좋은 환경으로 만들어 주기 때문이다. 사실 하구는 지구상에서 생물학적으로 생산성이 가장 높은 생태계 중의 하나다. 특히 일차생산성, 즉 식물이 광합성을 해서 태양 에너지를 동물이 사용할 수 있는 먹이로 변환하는 비율인 기초생산율은 초원, 산림, 경작 지역보다도 높다. 상대적으로 개체 수는 적지만 호주 하구의 흑조, 듀공, 바다거북이나 우리나라 제주도의 붉은바다거북 등과 같은 대형동물도 하구에서 자라는 식물이나 자기보다 작은 동물을 잡아먹으면서 살고 있다.

하구 식물이 죽으면 썩는 것처럼 죽은 식물플랑크톤의 유기 잔사물질detritus, 식물플랑크톤의 죽음으로 자연스럽게 발생하는 작은 조각이나, 조금 큰 생물이 죽어 분해되어 생기는 작은 조각도 박테리아, 균류, 원생동물, 다른 미생물의 먹이가 되어 준다. 유기 잔사물질처럼 단백질이 풍부한 혼합 물질은 갯지렁이, 조개, 치어, 새우 같은 작은 동물들의 먹이로 소비되고, 작은 생물들은 물고기와 새에게 먹히고, 이들 역시 자신보다 큰 어류나 맹금류 같은 조류, 포유류에게 먹힘으로써 피라미드 모양의 하구 생태계 먹이사슬을 만들어 간다. 그러나 대형 바닷물고기와 같은 상위 포식자는 항상 하구에 살고 있는 것이 아니라 어떤 특정 시간이나 특정 환경이 만들어졌을 때에만 먹이를 구하러 무리 지어 하구로 들어와 사냥을 한다. 직접 그 광경을 보지는 못했지만 무리를 지어 하구로 몰려오는 동물들의 모습은, 자연의 장대함을 엿볼 수 있을 만큼 멋있는 장면을 연출한다고 한다.

썩 좋은 자연환경이라 할 수는 없지만 밀물로 인해 규칙적으로 흘러드는 바닷물은 하구에서 먹고 사는 동물들에게 충분한 먹이와 산소를 공급해 준다. 또 썰물 때에는 하구의 물이 규칙적으로 빠져나가면서 하구에 쌓여 있던 퇴적물 같은 찌꺼기를 끌고 나가 하구를 청소하는 동시에 하구와 하구 근처 바다에 사는 생물과 자연이 이들을 다양하게 이용할 수 있도록 해 준다. 많은 종류의 생물, 특히 새우나 게 종류는 자신의 전체 생활사의 순환 과정에서 중요한 한 시기를 하구 생태계에 의존하게 된다.

하구는 먹이가 풍부해서 복잡하고 특징적인 생태계 순환이 이곳을 중심으로 이루어지기도 하고, 때로는 하구와는 관계 없는 해양 생물이 먹이를 구하러 찾아들기도 하는 등 매우 특이하고 흥미로운 공간이다. 하구를 거쳐 가는 생물을 추적하다 보면 하천과 하구, 바다가 얼마나 다양하고 유연하게 연결되어 있는지를 하나씩 깨닫게 되고 그럴수록 자연에 대한 경외심은 깊어만 간다.

하구에 사는 물고기

하구는 민물과 짠물이 만나는 곳이므로 민물고기와 바닷물고기가 만나는 곳이라고 해도 틀린 말은 아니다. 그런데 이미 출간되어 있는 어류도감에는 대부분 민물고기를 소개하면서 하구에 사는 물고기, 하구를 이용하는 물고기라는 식으로 수록되어 있다. 이는 아마도 하구를 강의 일부로 보는 것이라 여겨진다. 물론 바닷물고기 중에 연안 또는 하구에 서식하는 물고기를 소개하는 도감도 있지만, 바닷물고기는 워낙 다양하여 대부분은 바다에 사는 물고기를 소개하는 데 머문다.

하구의 물고기는 민물과 짠물에 모두 적응하여 서식 공간을 넓힌 종도 있지만, 머물지 않고 지나만 가는 물고기도 있다. 하구에 얼굴을 내미는 물고기는 산란과 번식, 이동 등 생활 방식을 기준으로 대략 4종류로 나눌 수 있다.

첫 번째는 바다에서 산란은 하지만 알에서 깨어난 새끼가 강으로 거슬러 올라가 생활하는 물고기로, 뱀장어가 대표적인 종이다. 주로 강하천에서 생활을 하다가 알을 낳으러 바다로 내려가는 물고기라는 뜻에서 강하어降河魚라고 한다.

두 번째는 강하어와는 반대로 알은 강에서 낳고 부화한

어도 시설이 있는 보(왼쪽)**와 없는 보**(오른쪽) 하천을 거슬러 오르내리는 물고기들이 자유롭게 다닐 수 있도록 물길이 끊어지지 않게 어도 등을 설치하는 배려가 필요하다.

새끼가 바다로 내려가서 생활하는 물고기다. 대표적인 물고기는 연어이고 송어, 은어, 빙어, 뱅어 등도 이 범주에 속한다. 강을 거슬러 올라가는 물고기라는 뜻에서 거슬러 올라갈 소遡자를 써서 소하어遡河魚라고 한다.

세 번째는 강을 오르내린다는 점에서는 강하어나 소하어와 비슷하지만, 산란 장소가 강의 상류 또는 먼바다가 아니라 하구나 하구 근처에서 알을 낳는다는 것이 다르다. 이들은 다시 먼바다나 연안에서 생활하다가 알을 낳기 위하여 하구 근처로 오는 종과, 반대로 하구 근치에서 생활하다가 산란하러 연안으로 나가는 종으로 나뉜다. 알을 낳기 위해 바다에서 강으로 또는 강에서 바다로 오르내리는 것은 소하어나 강하어와 같지만, 완전한 민물인 강의 상류 또는 완전한 짠물인 먼바다까지 이동하지는 않아서 소하어나 강하어보다 이동 범위가 짧은 것이 특징이다. 바다에서 살다가 하구로 들어와 산란하는 어종으로는 은어와 황복 등이 대표적인데, 신기하게도 바다에서 잡은 것보다 하구에서 잡은 황복이 맛있다고 한다. 반대로 숭어나 농어는 하구 근처에서 생활하다가 알을 낳으러 연안으로 나가는 대표적인 어종이다.

네 번째는 수시로 하구를 드나드는 어종과 하구에서 생활하는 물고기들이다. 여기에 속하는 물고기는 알을 낳기 위해 이동하는 것이 아니라, 먹이를 따라 하구를 찾거나 하구를 떠난다. 대표적인 어종으로는 문절망둑사투리로는 꼬시래기, 꺽저기, 복어 등이 있다. 잉어와 붕어도 수시로 하구를 드나들지만 이들은 어느 환경에나 잘 적응하는 어종으로 이 범주에 들지는 않는다.

민물고기의 반대말은 왜 짠물고기가 아닐까?

오래 전에 『우리나라의 민물고기(최기철, 1989)』라는 책을 재미있게 읽었다. 어릴 때 집 앞 개울에서 붕어, 메기, 가물치, 빠가사리동자개, 미꾸라지, 각시붕어버들붕어, 잉어, 송사리능금자리 등을 잡으며 자랐다. 그래서인지 민물고기와는 친숙한 편이었지만, 바닷물고기에 대해서는 막연한 동경 같은 것을 가졌던 시절이었다. 우리 마을은 논이 바다처럼 넓게 펼쳐져 있는 농촌이었다. 내가 어릴 때만 해도 교통수단이 발달하지 않아서 바다는 아무 때나 가고 싶다고 해서 갈 수 있는 곳이 아니었다. 여름방학 때 바닷가로 놀러간 적은 있지만, 지금처럼 생선회나 조개구이를 먹는다거나 수족관실은 횟집 어항에서 물고기를 본 것이 아니라 그저 모래사장에서 해수욕을 즐겼던 기억뿐이다. 이런 이유로 바다를 동경하던 여섯 살 즈음의 저자는, 바다에서 고기를 잡는 어부가 되는 것이 꿈이었다. 요즘도 가끔 어류도감인 『해양생물 대백과사전(KORDI, 2004년)』을 뒤적이다 보면 그 시절이 떠올라 미소를 짓곤 한다. 바닷물고기 이야기가 나를 감동시켰던 책은 또 있는데, 바로 『현산어보를 찾아서(이태원, 2002~2003)』이다. 두툼한 5권의 책과 세밀한 소묘의 감동은 아직도 생생하다.

정약전은 흑산도에 유배되었던 까닭에 어쩔 수 없이 바닷물고기로 한정될 수밖에 없었겠지만, 최기철 교수는 민물고기를 소개하며 하구 어종도 포함하고 있기는 한데……. 내가 하구 이야기를 하다 보니 바다와 강을 모두 섭렵하는, 또는 바다와 강이 만나는 곳에서 양다리를 걸치고 사는 어류, 갑각류, 패류에 대한 책이 있었으면 하는 바람이 있었다. 최근 『자연 습지가 있는 한강하구(한동욱 · 김웅서, 2011)』가 출판되어 나의 지적 호기심을 채워 주었지만, 한강 하구뿐 아니라 우리나라 모든 하구를 포함하는 책도 기대해 본다.

지금까지 나는 민물고기의 반대말은 왜 짠물고기가 아니라 바닷물고기일까? 황복은 어떤 물고기일까? 참게는? 등등 생물에 대한 전문 지식보다는 경험을 지식 삼아 바닷물고기와 민물고기, 바다 갑각류와 민물 갑각류, 민물 조개류와 바다 조개류 등을 구분하는 재미를 즐겨 왔다. 최근 들어 그렇게 모아 놓은 사실들을 확인하는 시간을 갖고 있다. 여러분도 궁금한 것은 확인해 보자. 다양한 물고기들을 담고 있는 도감을 펼쳐 놓고…….

문제는 내고 답을 안 했다. 민물고기의 반대말은 짠물고기가 아니다. 민물은 민물이고, 바닷물은 바닷물이다. 서로 성질이 다를 뿐이다. 서로 다른 강과 바다의 만남이지 반대 의미가 아니기 때문이다.

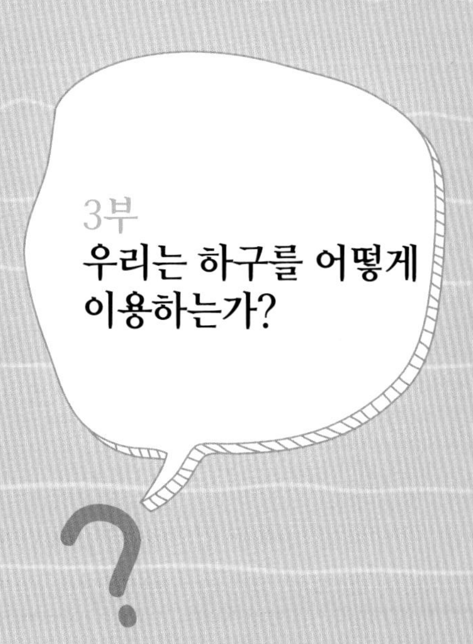

3부

우리는 하구를 어떻게 이용하는가?

국토를 넓혀 가는 일

하구를 이용한다고 하면 자연 상태의 하구를 그대로 활용하기도 하지만, 보통은 하구와 하구 연안을 개발한다는 것을 전제로 말하는 경우가 많다. 따라서 하구 이용과 하구 개발은 떼어서 생각하기가 어렵다. 하구와 그 연안, 즉 바닷가에서 진행되는 대규모 개발 사업의 대표적인 공사라 하면, 무엇인가를 메우는 매립과 무엇인가를 파내는 준설로 나눌 수 있다. 서로 반대되는 공사 같지만 실은 매우 관련이 깊은 사업들이다. 여기서 매립은 땅 또는 바다를 메우는 일이고, 준설은 땅 또는 바다 바닥의 흙을 파내는 것이다. 매립 사업은 흙을 필요로 하고, 준설 사업은 흙이 생기므로 자연스럽게 서로를 필요로 한다.

실제로 준설 사업의 성격은 매우 다양하지만 여기에서는 매립을 위한 준설만 생각하기로 한다. 연안을 개발하는 사업을 하려면 기본적으로 어느 정도의 땅이 필요하다. 육상에서 토지를 확보하기 어려울 때에는 그 근처의 얕은 바다를 메우는 방법을 선택하게 되는데 그것이 바로 매립 사업이다. 우리나라에서 가장 오래된 매립 사업은 전라북도 부안에 있는 계화간척지로, 육지와 계화도 사이의 바다를 메워 육지와 연결시켜 만든 농지다. 매립 사업을 하려면 엄청난 양의 흙이 필요하다. 공사 규모가 작아 그리 많지 않은 양의 흙이 필요할 때는 육지에서 구해 오겠지만 아주 많은 양이 필요해지면 강이나 바다 바닥의 모래나 흙, 암석 등을 파내어 이용하게 된다. 이것이 바로 준설 사업이다.

준설 사업은 하천이나 바다의 바닥을 긁어내어 흙을 모으는 사업이므로 그 결과가 눈에 잘 띄지 않아 매립 사업에 비하여 반대는 덜한 편이지만, 실제 자연에 미치는 영향은 아주 크다. 바다의 지형은 물론이고 바닷물의 흐름도 바꾸어 놓아 해저바다 바닥와 그 부근 바다에 살고 있는 생물들의 서식 환경을 바꾸어 놓기 때문이다. 준설 사업을 진행하게 되면 근처 생물들의 서식 환경을 해친다는 점에서는 매립 사업과 크게 다르지 않다. 매립과 준설 사업은 떼려야 뗄 수 없는 관계이므로 결과는 마찬가지겠지만, 매립은 직접 물의 흐름을 차단하기 때문에 실제 느끼는 영향은 훨씬 직접적이고 크다.

| 하굿둑과 방조제 |

하구를 막아 쌓은 것은 하굿둑이고, 만을 막아 쌓은 것은 방조제라고 한다. 하굿둑은 하천의 하구 부분을 막기 때문에 하굿둑 건설로 생기는 공간이 그리 넓지 않다. 이에 비해 방조제는 주로 바다의 얕은 부분이나 만으로 된 경계 부분을 막기 때문에 상당히 넓은 수역水域이 만들어지는 한편, 조석의 흐름을 막기도 해서 일정한 수위 위로는 땅이 드러나 상당히 넓은 육역陸域, 육지도 만들어진다. 이렇게 만들어진 넓은 공간은 농업용수를 비롯한 수자원을 확보할 수 있게 해줄 뿐만 아니라 국토를 넓힐 수 있도록 토지도 만들어 준다. 그래서 방조제 건설은 우리나라 해안 개발의 주요한 사업으로 자리 잡아 왔다.

대호방조제

실제로 대표적인 사업들만 꼽아 봐도 영산강하굿둑, 금강하굿둑, 낙동강하굿둑 등 하굿둑의 수가 많지 않은 것에 비하여 방조제는 서해안에서부터 시화방조제, 화옹방조제(우정방조제), 아산방조제, 삽교천방조제, 이원방조제, 서산방조제, 홍성방조제, 보령방조제, 새만금방조제, 금호방조제, 영암방조제 등 규모가 큰 것만 세어도 하굿둑의 수를 압도한다.

■무엇이 다를까? 방조제는 바닷물의 조석, 즉 밀물과 썰물을 막는 제방인 데 비해 하굿둑은 조석이 하천으로 들어오는 것

을 막기 때문에 넓은 의미에서는 방조제의 역할도 포함하고 있다. 그러나 세심하게 따져 보면 바다의 영향을 받지만 강 가까운 곳에 건설하는 것이 하굿둑이고, 강의 영향이 적은 잔잔하고 얕은 바다나 만에 건설하는 것을 방조제로 구분할 수 있다. 물론 법에서는 명확하게 구분하고 있지만 우리는 과학적 의미를 기준으로 이렇게 정리하기로 한다.

■어떤 영향을 미칠까? 정도의 차이는 있겠지만 강물이 바다로 흘러들어 가는 모습으로 살펴보면, 하굿둑과 방조제가 모두 조석의 흐름을 막기 때문에 이 시설물들 때문에 하구의 대표적 기능이라 할 수 있는 완충작용은 없어지고, 환경은 강과 바다로 확실하게 구분되므로 하구가 없어진다고 보면 된다.

최근에 환경을 관리하기 위해서 시화방조제, 화옹방조제, 홍성방조제, 보령방조제 등 바닷물을 드나들게 하는 방조제가 생기기는 했지만 원래부터 그렇게 하려고 한 것은 아니었다. 평상시에는 방조제나 하굿둑으로 가로 막혀 양쪽의 물이 교류하지 못하여 완충작용을 하지 못하던 것을, 홍수나 범람에 대비하여 사람들이 일부러 하구의 물을 흘려보

내게 한 것인데 이는 물이 교환될 때에 환경 변화의 큰 충격도 함께 연안으로 전달된다는 것을 뜻한다.

또한 바다와 강의 자연스러운 물질 교환의 길도 막혀버릴 뿐만 아니라 오염물질을 바닥에 가라앉혀 머물게 하거나 아주 천천히 바다로 흘려보내던 하구 기능도, 구조물이 건설된 후에 만들어진 고여 있는 호수가 대신하게 되어 오염 문제도 심각하다. 이렇듯 하굿둑과 방조제는 환경오염은 물론 생태학적 문제를 불러일으키기도 한다.

■반대를 무릅쓰고 왜 건설할까? 가장 큰 이유는 이런저런 부정적인 영향에도 불구하고 방대한 육지 공간을 확보할 수 있다는 점이다. 즉, 땅이 생기기 때문이다. 인구 대비 국토 면적이 좁은 우리나라는, 땅이 부족하다는 생각에 직선적으로 바다보다는 땅이 더 유용하다고 여겨서 매립을 매력적인 사업으로 생각하는 데 그 원인이 있다. 바로 경제적인 문제이다. 그래서 논란의 소지가 있음에도 생물학적으로 중요한 공간인 조간대를 매립하는 건설이 이어지고 있는 것이다.

육지에서 멀리 떨어진 바다는 수심이 깊고 급격한 경사를 이루기 때문에 메워서 땅을 만들려면 천문학적인 액수의 비용이 필요하다. 이에 비해 조간대는 수심이 얕을 뿐만 아니라 심지어 육지인 곳도 있다. 가능한 한 적은 비용을 들여 최대한 넓은 땅을 얻으려면 얕은 바다를 둑이나 제방 등으로 둘러쌓아서 중요한 물길만을 남겨 놓고 모두 메워 땅으로 만드는 방법이 제일 간편하다. 물론 환경을 생각해서 일부 공간을 생태 공간으로 꾸미기도 하지만, 이들 구조물을 건설하는 기본적인 이유는 필요한 땅, 즉 국토를 확보하는 데 있다. 땅을 사는 비용보다 만드는 비용이 싸다면 바다는 앞으로도 계속 메워져 땅이 될 것이다.

최근에는 환경과 생태학적 문제 등으로 방조제 건설 등이 크게 제약을 받고 있지만, 국가 경제가 급격히 나빠지거나 땅에 대한 수요가 줄지 않는 한 연안 매립은 뜨거운 감자인 채로 어쩔 수 없이 사업들은 계속 진행될 가능성이 크다.

| 하굿둑은 어떻게 건설하는가? |

눈치 빠른 사람은 흙으로 바다를 메운다면 육지 쪽에서부터 메워 나가면 될 것을 왜 바다 쪽에 먼저 둑방조제을 쌓은 후에 그 사이를 흙으로 메우는 번거로운 방법을 택하는 것인지 궁금해 할 수 있다. 여기에도 미묘한 경제적 문제가 관련되어 있다. 차이가 크지 않을 것 같지만 실제로는 엄청난 비용 차이가 난다. 하구를 개발하고 이용하는 데에도 적용되는 제일 중요하고 기본적인 요소는, 최소 비용을 들여 최대의 효과를 보는 경제 원칙이다. 즉, 똑같은 크기의 땅을 만들더라도 가능한 한 돈을 적게 들여 만드는 것이 중요하다.

예를 들어, 먼바다에 경계 둑을 먼저 쌓고 땅을 만드는 경우인 A-프로젝트와 둑을 쌓지 않고 땅을 만드는 B-프로젝트를 각각 생각해 보자. 실제로는 땅 높이에서 약간 차이가 있지만, 높은 하늘에서 내려다보면 둑이 있고 없고만 다를 뿐 똑같아 보인다. 어찌 보면 A-프로젝트가 건설 비용이 더 들어갈 것 같은 생각이 들기도 한다. 먼저, 그림 아래쪽에 있는 A-A′ 단면도에서 높이와 고도를 살펴보면, A-프로젝트는 방조제가 조석과 파랑의 영향을 막아 주기 때문에 평균 해수면보다 땅의 높이를 낮게 만들어도 물에 잠길 염려가 없다. 그런데 직접 바다를 메워 가는 B-프로젝트는 조석과 파랑의 영향으로 새로 만든 땅이 바닷물에 잠기면 안 되기 때문에 평균 해수면보다 조위와 파도 높이만큼을 더 쌓아 올려야 한다. B-프로젝트가 더 많은 흙이 필요하므로 공사 규모도 커진다. 따라서 A-프로젝트 방식으로 방조제를 건설함으

A-프로젝트

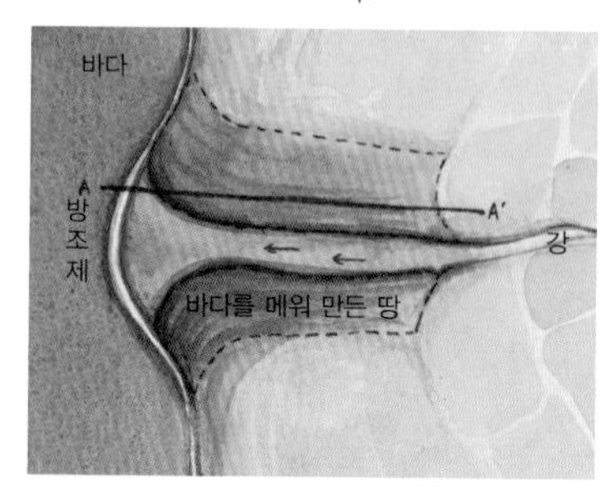

B-프로젝트

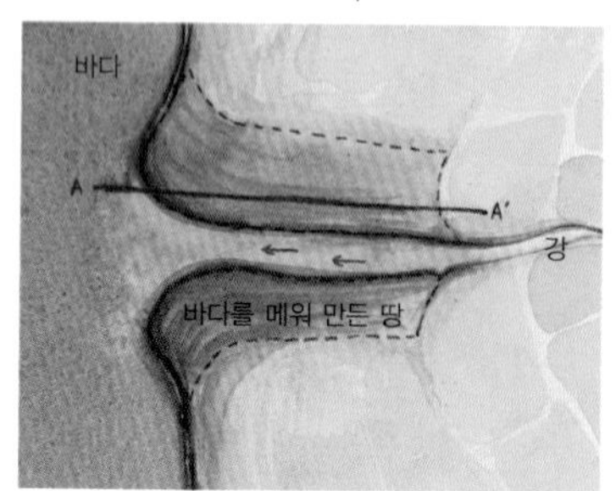

방조제
평균 해수면
매립 높이

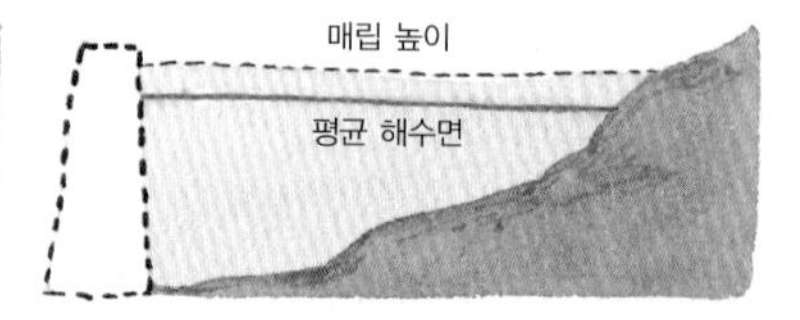

먼저 경계 둑을 쌓는 방법(왼쪽)**과 둑을 쌓지 않는 방법**(오른쪽) 바다를 메워 땅을 만들 때에 방조제를 먼저 건설해 둑을 쌓으면 둑 안쪽 매립지는 평균 해수면보다 높이를 낮게 잡아도 되므로 땅을 메우는 양이나 비용이 절약되기 때문에 A-프로젝트 방식이 선정되는 경우가 많다.

로써 평균 해수면보다 낮은 높이로 바다를 메워 비용을 절약하면서 땅을 만드는 사업이 일반적이다. 이와 같이 평균 해수면 이하 높이로 매립하는 사업을 '저면 매립'이라고 한다.

하구를 복원하자고 주장할 때에는 방조제를 철거하자는 의견이 나오는 경우가 많은데, 실제로는 방조제를 없애면 방조제 안에 만든 땅은 대부분이 저면 매립을 했기 때문에 물에 잠기게 된다. 그렇게 되면 힘들게 매립한 땅을 이용할 수 없게 되므로, 하구 복원을 망설이게 하는 가장 큰 원인이 되고 있다. 매립지의 땅이 물에 잠겨서 없어지는 것보다 더 큰 이익수익이 있다는 사실을 증명하지 못하면 방조제를 철거하는 방식의 하구 복원 사업은 실천에 옮기기가 어렵다. 물론 하고자 하는 의지만 있다면 기술은 따라갈 수 있기도 하다. 과학적인 사실과는 관계가 없겠지만, 할 수 없기 때문에 안 하는 것보다는 할 생각이 없어서 실천하지 않는 경우가 더 많다. 둘 다 실천하지 못한다는 결과는 같다. 기본적으로 하굿둑을 건설하는 것은 경제성이 가장 중요한 이유이지만 이들 사업은 모두 환경과 경제성을 분석한 뒤 결정해야 하므로, 건설 단계부터 신중한 검토와 철저한 환경 평가를 거치는 것이 중요하다.

방파제, 방조제 그리고 제방

바닷가에 갔을 때 볼 수 있는 대표적인 구조물로는 방파제와 방조제 그리고 제방호안 등이 있다. 방파제와 방조제는 이름 그대로 각각 '파도'와 '조석'을 막는 시설물이다. 파도를 막으려면 파도가 밀려오는 방향에 위치하면 되지만, 조석의 경우에는 밀려올 수 있는 모든 방향을 차단하지 못하면 바닷물이 옆으로 돌아서 들어가기 때문에 조석이 밀려올 가능성이 있는 모든 방향에서 조석의 흐름을 빈틈없이 차단해야 한다. 이처럼 건설 목적이 다른 것 외에도 방조제는 육지에서 시작해서 육지로 끝나지만, 방파제는 육지에서 시작하여 바다로 끝나거나 바다에서 시작하여 바다에서 끝나는 경우도 있다. 육지와는 연결되어 있지 않고 바다에서 파도를 막도록 설치된 방파제는 육지에서 떨어져 있는

방파제와 이안제 테트라포드(TTP, 방파제나 강바닥을 보호하는 4개의 뿔 모양으로 된 콘크리트 블록)가 설치되어 있는 방파제(왼쪽)와 바다에서 시작해 바다 위에서 끝난 감포 이안제(오른쪽).

방파제라는 뜻에서 이안제라고도 한다.

바닷가나 강가에 있는 제방과 방조제는 어떻게 다를까? 기본적으로 둑bank이라는 점에서는 같지만 이들 역시 건설한 목적이 다르다. 모양은 비슷하게 생겼지만 제방은 육지를 보호하기 위하여 만들었고, 방조제는 조석을 막아 땅을 만드는 것이 목적이다. 우리가 확인할 수 있는 방법으로는 바다와 육지의 호수를 사이에 두고 이 둘을 나누는 것처럼 만들어진 것은 방조제이고, 제방호안은 물과 육지, 즉 바다 또는 강물과 논, 밭, 때로는 도시 같은 육지를 사이에 두고 물가 또는 강가를 따라 건설한 것이다.

참고로 방파제는 양쪽이 모두 바다이고, 하굿둑은 하구에 있는 둑이지만 바다와 강을 사이에 두고 있다는 점에서는 방조제와 같다.

방조제와 제방 시화방조제의 배수 갑문(왼쪽), 배수 갑문을 통하여 유역의 물이 배출되는 아산만의 수로와 호안(오른쪽).

바다의 대표적인 수면 변화 : 파도(파랑)와 조석

항목	파랑(파도, wind waves)	조석(tide, tidal wave)
생성 원인	바람 : 바람 에너지가 바다로 일부 전달되어 파도가 발생	태양과 달의 인력 : 조석이 전파되면서 지역에 따라 증폭이 발생
주기(T)	3~15초(보통 5~10초)	12시간, 12시간 25분 등 일정한 주기가 존재하지만 12시간 25분 주기가 가장 우세
파장(L)	수심에 따라 차이가 있으나 깊은 곳에서는 공식 $L=gT^2/2\pi$(T:주기, g:중력가속도)을 이용하여 계산할 수 있음 (T = 5~10초 조건에서 약 40~160미터 정도)	수심과 주기의 함수는 공식 $L=\bar{T}\sqrt{gh}$을 이용하여 계산할 수 있음 주기(T)를 12시간 25분 적용하면, 수심 10~100미터 영역에서 400~1400킬로미터
파고(H)	풍속이 증가할수록 파고가 높아짐. 발생하는 파고 범위는 0~10미터 수준이며, 높은 파고는 50~100년에 한 번 정도 발생	우리나라는 지점에 따라 차이가 있음 서해안인 인천은 4~10미터 정도, 동해안인 속초는 0.5미터 이하 정도로 1달에 1번 정도 규칙적으로 발생
특징	바람에 의하여 불규칙적으로 발생하기 때문에 예측이 곤란	달과 태양의 인력에 의하여 규칙적으로 발생하기 때문에 정확한 예측(예보)이 가능
해안 구조물	방파제(조석 흐름 차단 불가)	방조제(조석 흐름을 차단)

하구 복원하기

과거에는 하구를 국가의 경제 개발을 위한 수단으로만 생각했었고 그렇게 이용해 왔다. 그러나 최근에는 경제적 가치와 더불어 환경 가치의 중요성을 강조하고 있기 때문에 하구 개발에 대한 생각을 새롭게 정리해야 한다. 물론 가장 현명한 이용 방법은 하구를 지속적으로 활용하는 데 있다. 하구를 지속적으로 이용하기 위해서는 하구가 기능을 지속적으로 유지할 수 있도록 해야 한다.

필요하다면 하구를 개발할 수도 있겠지만, 개발하기에 앞서 여러 방면으로 사전 조사가 이루어져서 생태학적 가치가 커서 보존해야 한다는 결론이 나오면 경제적 논리에 앞서 과감하게 보호하는 쪽으로 결정을 내려야 할 것이다. 이미 개발한 하구 중에서도 개발한 목적, 즉 그 기능을 제대로 수행하지 못하는 하구는 복원했을 때의 경제적 손실이나 이득 등을 분석, 검토하여 복원 여부를 결정하는 과정을 거쳐야 할 것이다. 현재를 기준으로 하구 하나하나 손익을 분석하여 복원의 순서를 정하고 실천해 나가는 한편, 파괴하지 않고 보존된 하구와 새로이 복원된 하구를 각각 잘 보호해 나간다면 하구를 지속적으로 이용할 수 있을 것이다.

때로는 국가의 경제 발전을 위하여 불가피하게 하구를 개발해야 하는 경우도 있을 수 있다. 이때에는 가능한 한 모든 기술을 동원하여 환경 피해를 줄여야 한다. 그러나 이러한 경우에도 비용이 문제가 된다. 비용이 적게 드는 환경 복원 기술을 개발해야 하는 절실한 이유가 여기에 있다. 구체적이고 뚜렷한 개발 이익에만 집중하지 말고 환경이 주는 무형적 가치를 적극적으로 수용하여 평가해야 할 것이다. 그럼에도 어쩔 수 없이 개발을 해야 한다면 무형의 가치를 새로 만들어 내거나 유지하는 사업도 함께 진행되어야 한다. 하구 개발로 없어지는 생물의 서식 공간을 대신할 수 있는 인공 서식 공간을 만들어 준다거나 가능하다면 자연환경을 현재의 상태대로 유지하면서 개발 사업을 진행하는 것이 좋다.

말로는 간단하지만 실제로는 실천하기 어려운 것이 현실이다. 그러나 하구는 우리 세대만 이용할 것이 아니라 우리 후손들도 이용해야 하는 천연자원이다. '뜻이 있는 곳에 길이 있다If there is a will, there is a way'고 했다. 현명하게 관리하고 보호할 수 있는 방법을 찾아야 한다.

| 왜 하구를 복원해야 할까? |

한강 하구는 얼마일까? 한강을 살 수는 있을까? 물론 자연은 거래되는 것이 아니니 돈이 아무리 많다고 해도 살 수는 없다. 그러나 현재의 가치를 돈으로 환산한다면 가격을 매길 수 없는 것도 아니다. 경영의 기본이 가치를 평가하는 것이다. 가치 평가는 가격을 결정하는 기준이 되므로 매우 기본적이고 필수적인 부분이다.

그런데 최근에는 가치를 평가해야 하는 대상이 점점 넓어지고 있다. 경영 분야를 넘어서기도 하고, 눈에 보이는 유형 자산에 대한 평가에 덧붙여 눈에 보이지 않는 무형 자산에 대한 부분까지 포함하여 평가해야 한다. 시장에서 거래

되는 자산을 평가하는 것은 당연한 일이지만, 시장에서 거래되지 않는 자산까지 평가해야 하는 등 날로 그 범위가 확장되고 있다. 시장에서 거래되지 않는 자산이란 바로 국가 자산이다. 예를 들어, 바다도 될 수 있고 강도 될 수 있다. 당연히 하구도 포함되며 천연기념물, 나라의 국보, 보물, 문화재도 해당된다. 즉, 쾌적한 자연환경과 찬란한 문화유산을 모두 아우른다.

	유형 자산	무형 자산
시장 거래 가능	일반적인 제품 또는 서비스 생물 및 광물 자산	인력 자산 상호 · 상표(브랜드) 로열티 등 지적 재산
시장 거래 곤란 또는 불가능	국보, 보물 등 유형 문화 자산 하천, 바다, 하구, 연안, 해수욕장, 공원, 섬 등 유형의 환경 자산 사회 기반 시설(인프라)	무형 문화 자산 좋은 공기, 깨끗한 물 등 무형의 환경 자산 교육, 의료, 복지 시스템 등 국가의 자존심, 국민 의식

돈을 주고 사고팔 수는 없지만 하구의 가치를 제대로 평가하는 일은 매우 중요하다. 그 평가를 기준으로 해서 최소한 그 가치를 유지하거나 높이는 노력과 함께 가치가 높았던 과거의 수준으로 회복시키는 문제가 최근 중요한 관심거리가 되고 있기 때문이다. 넓은 의미로는 쾌적한 환경에

대한 가치가 높아지는 것은 단순히 인간만을 위한 것이 아니라 모든 생물과 더불어 살 수 있는 건전한 환경 만들기인 동시에 생태계를 관리하는 노력 중의 하나이기도 하다. 하구 복원은 이러한 측면에서 추진되고 있다.

하구 복원은 기본적으로 하구의 기능을 복원시킨다는 뜻이다. 자연 상태에서 하구의 기능을 다시 인위적으로 복원한다는 것은 거의 새로 만들어 내는 창조에 가까운 일이므로, 기본적인 기능을 복원시키는 데에 중점을 두고 진행하게 된다. 하구의 기본적인 기능은 물 흐름에 의한 물질 이동과, 생물 서식 공간으로서의 기능에서부터 시작되기 때문에 흐름을 복원시키는 것이 모든 하구 복원의 기본이 된다. 따라서 물의 흐름을 원래 상태로 복원하고, 생물의 서식 공간을 원래 규모나 그에 가깝게 복원하는 것이 핵심이다. 최소한 기본적인 흐름의 기능이 유지될 수 있도록 흐름을 차단하는 구조물을 제거하거나 부분적으로 철거하고, 때로는 흐름 통로를 건설하는 것도 하나의 방법이다. 그러나 무엇보다도 하구를 포함한 우리나라의 자산(재산)을 우리가, 국가가 잘 간수하여야 한다는 인식 변화가 중요하다.

하구를 복원한다고 해서 구조물을 무조건 뜯어내면 안 된다. 원래 하굿둑과 방조제는 바닷가의 땅을 이용하기 위해 건설한 것이다. 물이 들어오는 바다를 메워 땅으로 만들기 위해서는 많은 흙과 비용이 필요하다. 그래서 적은 양의 흙으로 효과적으로 땅을 만드는 방법을 연구하게 되었고, 먼저 바닷물이 들어오지 못하도록 막은 뒤에 그 내부를 흙으로 메워 땅으로 만드는 법을 생각해 냈다. 이때 바닷물이 들어오지 못하도록 막는 시설이 방조제다.

방조제를 건설하면 바닷물이 하천으로 흘러드는 것은 막을 수 있는 데, 육지 쪽에서 흘러내려 오는 강물과 하늘에서 내리는 빗물 등이 방조제 안쪽육지 방향의 호수에 고이게 된다. 호수에 물이 고여 수위가 높아지면 방조제 안쪽에 만들어 놓은 땅으로 물이 넘쳐서 피해를 입을 수 있다. 따라서 방조제는 평상시에는 바닷물이 들어오지 못하도록 막고, 홍수가 났을 때에는 방조제 안쪽에서 불어나는 물이 얕은 땅으로 넘치지 않고 바다로 흘러나갈 수 있도록 수문배수갑문을 만들어야 한다.

그리고 방조제 안쪽의 땅매립지은 일정 기간 동안 물이 고여도 물에 잠기기 않을 정도의 높이까지 흙으로 메워 만들어야 한다. 이런 땅을 만들 때에는 흙을 부어야 하는 높이가 낮을수록 비용을 줄일 수 있지만, 너무 낮게 쌓으면 방조제 안쪽에 물이 고일 수 있으므로 정확하게 관측하고 계산해서 높이를 정해야 한다. 만약 땅이 자주 물에 잠기면 농지, 공장 부지, 주거 단지 등으로 개발한 하구를 목적대로 이용할 수 없다. 그래서 땅을 만드는 높이는 안전과 경제적 이유를 기준으로 결정하게 된다. 너무 낮으면 위험하고, 너무 높으면 비용이 많이 들기 때문에 그 사이의 적당한 높이에서 정한다. 일반적으로 학자들이 강물과 바닷물에 대한 자료를 수집, 분석하여 최종적으로 결정을 내리게 되는데, 보통 평균 해수면보다 0.5~1.0미터 정도 낮은 위치에서 결정된다.

따라서 방조제를 건설함으로써 만들어진 안쪽의 땅은 고도평균 해수면을 기준(0.0)으로 측정한 대상 물체의 높이. 보통 수심은 (-)로 표시 차이가 있으므로 방조제를 철거하여 하구를 복원할 경우에는 특히 세심하게 검토되어야 한다. 하구를 복원하기 전에 침수가 예상되는 지역의 시설과 사람들은 미리 철수시키고 그에 따른 보상도 이루어져야 한다. 따라서 방조제 철거 또는 부분 철거에 의한 하구 복원에는 직접적인 복원 공사비 외에도 철거를 위한 토지 보상 비용과 그로 인한 손실들이 있을 수밖에 없다. 그러므로 이러한 비용보다 하구를 복원함으로써 얻는 이익이 더 클 경우에만 복원 사업이 이루어질 수 있다.

| 하구의 환경 진단과 처방 |

좀 엉뚱한 생각이기는 하지만 하구를 사람이라 가정하면, 하구의 환경을 관리한다는 것은 사람이 건강을 관리하는 과정과 비슷하다. 정확한 기준을 정하기는 애매하지만, 사람을 건강한 정도로 구분하면 건강한 사람과 건강하지 못한 사람으로 크게 나눌 수 있다. 마찬가지로 하구 환경도 좋은 환경과 나쁜 환경으로 나눌 수 있다.

사람의 건강 상태를 시간의 흐름으로 구분해 본다면 과거의 건강에 비겨 여전히 건강한 사람, 건강이 나빠지는 사람, 건강이 좋아지는 사람, 여전히 건강이 나쁜 사람으로 구분할 수 있다. 마찬가지로 하구의 환경 변화도 과거에서부터 지금까지의 자료가 있다면 환경이 여전히 좋은 하구, 환경이 나빠지는 하구, 환경이 좋아지는 하구, 환경이 여전히 나쁜 하구로 나눌 수 있다. 이러한 구분을 가능하게 하는 기준은 '진단'이다. 사람이 건강 진단을 받듯이 하구의 환경을 진단하는 것이다.

진단은 인간이든 하구 환경이든 기본 진단과 정밀 진단 정도를 할 수 있는데, 기본 진단은 정기적인 건강 검진에 해당되고 정밀 진단은 건강에 이상 신호가 생겼거나 이상이 예측될 때에 집중적으로 세밀하게 검사하는 부정기적이고 일시적인 진단이다. 어떤 형태의 진단이든 현재의 건강을 파악하는 데는 중요하고 기본적인 자료가 된다.

그런데 생기면 안 되는 일이겠지만 혹시 진단 결과가 오진이라면 어떻게 될까? 이후의 일은 누구나 예상할 수 있다. 진단 이후 이어지는 모든 치료는 아무런 의미가 없을 뿐만 아니라 어쩌면 건강 상태가 더 나빠질 수도 있다. 환자의 상태가 아무리 시간을 다툴 만큼 위급하다고 해도 의사는, 경험을 바탕으로 풍부하고 세밀한 자료를 갖추어 놓고 이를 근거로 정확한 진단을 내려야 하는 이유가 바로 이 때문이다. 조사 자료가 부족하면 부족할수록 정확한 판단을 내리기는 어려워진다. 아무리 유능한 의사라고 할지라도 사람을 쳐다보기만 하고 그 사람의 건강 상태를 정확하게 판단하기는 어렵다. 의사의 경험과 직관보다는 인간의 몸이 훨씬 더 복잡하고 다양하기 때문이다. 각 분야별 전문의들이 모여

전문 분야별로 진단하고 판단한 후에 이들의 의견을 종합해야만 정확한 검진 결과가 나올 것이다.

하구 환경에 대한 진단도 마찬가지다. 정확한 진단이 가장 중요할뿐더러 이는 하구 복원의 기본이자 시작이기도 하다. 하구 환경 상태에 대한 진단도 기본적이고 풍부한 조사 자료를 근거로 하여 다양한 분야별 전문가들이 모여 의논하여 판단하게 된다. 하구 환경은 물리적 환경 외에도 화학적 관점, 생물학적 관점, 경제적 관점 등 여러 방면에서 정밀한 진단이 필요하기 때문에 한 분야 전문가만의 독단적인 판단이 아니라 전문가 집단의 다양한 견해를 바탕으로 의견이 모아져야 한다. 그래야 효과 있는 처방이 가능하다.

전문가들의 종합된 의견과 판단을 바탕으로 해서 하구 환경 진단에 대한 최종 판단이 이루어져야 만이 이후 복원을 진행할 것인지 아닌지도 결정될 수 있다. 물론 이 최종 판단은 어디까지나 정책 결정 등에 필요한 참고자료로 제공된다. 참고자료라고는 하지만 비전문가인 정책 입안자나 정책을 추진하는 사람들에게는, 복잡한 하구 환경을 진단하고 판단해서 통합적인 결정을 내리는 데 매우 귀중한 자료로 작용할 것이다.

■닫는 글

우리나라는 국토의 삼면이 바다로 둘러싸여 있고 한 면만이 대륙과 연결되어 있는 반도 국가다. 이에 비해 중국은 대륙 국가이고, 일본은 섬나라다. '하구에 관한 이야기'를 써야겠다고 마음먹었을 때 가장 먼저 머리에 떠오른 것이, 바로 우리나라는 반도 국가라는 사실이었다. 어찌 보면 지극히 당연한 일이었는지도 모르겠다. 강과 바다 사이에서 강도 아니고 바다도 아닌 공간이 하구이듯이, 대륙과 섬나라 사이에서 대륙 국가도 아니요, 섬나라도 아닌 것이 반도 국가이기 때문이다. 하구가 강과 바다를 연결하며 강과 바다의 모든 성질을 수용하여 생물의 보물창고로 자리를 잡고 있듯이, 우리나라가 중국을 포함한 대륙과 일본을 포함한 섬나라를 연결할 뿐만 아니라 개방된 마음으로 모든 문물을

강화도의 하구

수용하고 전달하는 능력을 갖춘 멋진 나라로 자리 잡았으면 하는 바람이다.

나는 그 방법을, 다양한 환경의 공생 지역이자 완충작용을 하는 전이 지대이요, 대규모의 자연과 환경 그리고 소규모의 자연과 환경이 적절하게 균형을 유지할 수 있도록 하고, 인간의 지식 수준을 높여 줄 만큼 복잡하고 체계적인 자연현상을 보여 주는 독특한 공간인 하구에서 찾았으면 한다.

하구는 강이고 바다다.

아니, 하구는 강도 아니고 바다도 아니다.

하구는 하구만의 고유하고 독특한 특성을 가진 공간으로, 그저 하구는 하구일 뿐이다.

우리나라 하구는 몇 개일까?

우리나라에는 하구가 몇 개나 있을까? 하구의 개수는 바다로 흘러들어 가는 하천의 숫자와 같다고 해도 크게 틀리지 않는다. 바다 근처에서 다른 하천과 합쳐지는 경우에는 조금 애매모호하기도 하지만, 보통 합류 지점이 바다의 영향을 받으면 독립된 하구라고 판단한다. 이러한 의미에서 임진강 하구는 한강 하구와는 별도로 독립된 하구로 본다. 물론 임진강은 법적으로는 한강의 지류로 분류되지만, 서로 밀접한 관계를 유지하며 서로 영향을 미치는 공유 하구라고 할 수 있다. 크기가 너무 작아서 소하천으로 분류되거나 작은 물길로 이루어진 하천이 바다로 흘러들어도 하구라고 할 수 있지만, 너무 복잡해지지 않도록 일정 기준을 충족시키며 어느 정도 규모를 가지는 하천만 헤아려야 수치로 나타낼 수 있다.

그렇다면 무엇을 기준으로 삼을 수 있을까? 우리나라에는 하천법이 있으므로, 이 법에 근거하는 것이 바람직하다고 생각한다. 하천법에서는 하천을 규모크기나 중요도에 따라 국가하천과 지방하천으로 구분한다. 따라서 우리나라 대부분의 하천은 국가에서 지정하고 관리하는 국가하천과 지방자치단체가 관리하는 지방하천으로 나뉜다.

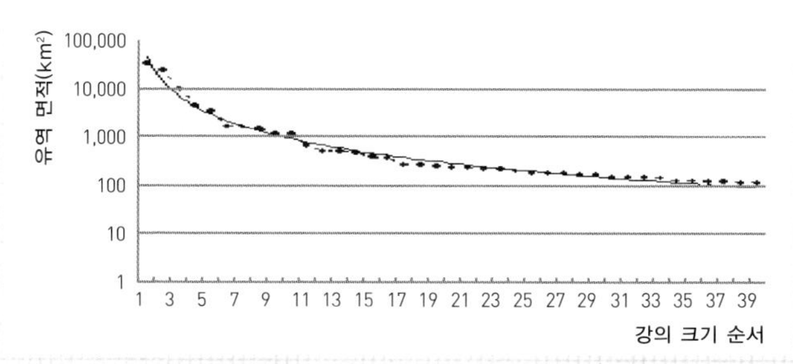

우리나라 하천의 유역 면적 순위 강의 크기는 유역 면적으로 정하는데, 우리나라의 강을 유역 면적 크기로 순위를 매겨 보면 1000제곱킬로미터 이상은 되어야 10대 강 안에 들고 최소 100제곱킬로미터 이상은 되어야 50대 강에 든다.

국가하천과 지방하천 중에서 바다로 바로 들어가는 하천의 개수는 460개쯤 된다고 한다. 이는 우리나라의 하구 개수가 460개 정도 된다는 뜻이기도 하다. 물론 하천이 바다로 직접 흘러들어간다고 하는 기준이, 하천과 바다가 만나는 지점을 어디로 설정하느냐에 따라 좀 애매모호한 경우가 있다. 그 기준에 따라 10~30개 정도는 차이가 날 수 있다. 지도를 펼쳐 놓고 바다로 흘러들어가는 하천을 보이는 대로 표시하면서 세어 보아도 그 개수는 비슷할 것이다. 어려운 일은 아니다.

이 책을 읽는 독자 여러분도 기회가 된다면 자기가 살고 있는 지역의 하천과 하구를 찾아가 직접 보면 책으로 읽은 때와는 느낌이 다를 것이다. 하구에 갈 기회가 있을 때, 반드시 연결되어 있는 강과 바다를 두루 살펴보아야 제대로 된 답사라는 사실을 기억해 준다면 이 책의 저자로서 더 바랄 것이 없다.

■참고문헌

건설교통부, 2000. 한국하천일람.

김기태, 1993. 내수 및 하구 생태학, 영남대학교 출판부.

김익수, 박종영, 2002. 한국의 민물고기, 교학사.

무라카미 데쓰오, 사이죠 야쓰카, 오쿠다 세쓰오/송원오(대표역자), 2003. 하구둑의 환경영향, 한국해양연구원.

유근배, 김성환, 신영호, 2007. 한국의 하구역. 하구둑 건설 이후의 지형변화, 서울대학교 출판부.

윤성규, 우한준, 박성배, 신원태, 2007. 강과 바다가 만나는 곳, 하구 이야기. 아이세움.

이광우, 양한섭, 1998. 화학해양학, 청문각.

이병구, 2005. 갯벌생태와 환경, 일진사.

이태원, 2002. 현산어보를 찾아서, 청어람미디어.

이학곤, 2002. 갯벌환경과 생물, 아카데미서적.

이형석, 김주환, 2003. 한강, 대원사.

조홍연, 조범준, 김한나, 2007. 한국해안해양공학회지 제19권, 제3호, 274~294, 우리나라의 하구는 몇 개인가?, 한국해안해양공학회.

최기철, 2006, 우리나라가 정말 알아야 할 우리 민물고기 백 가지, 현암사.

한국해양연구원, 2004. 해양생물대백과, 한국해양연구원.

한동욱, 김웅서, 2011, 자연 습지가 있는 한강하구, 지성사.

홍재상, 1998. 한국의 갯벌, 대원사.

Bear, J. 1979. Hydraulics of Groundwater, McGraw-Hill Int'l Book Co.

Burt, N. and Rees, A. (Editors) 2001. Guidelines for the assessment and planning of estuarine barrages, Thomas Telford Ltd.

Dronkers, J. and van Leussen, W. (Editors). 1988. Physical Processes in Estuaries, Springer–Verlag.

Dyer, K.R., 1986. Coastal and Estuarine Sediment Dynamics, Chap. 9, John Wiley & Sons Ltd.

Fischer, H.B., List, E.J., Koh, R.C.Y., Imberger, J. and Brooks, N.H., 1979. Mixing in Inland and Coastal Waters, Chapter 7. (Mixing in Estuaries), Academic Press.

Huis in' t Veld, J.C., Stuip J., Walther, A.W., van Western, J.M., 1984. The closure of tidal basins, Closing of estuaries, Tidal inlets and Dike Breaches, Delft University Press.

Kennedy, V.S. (Editor) 1984. The estuary as a filter, Academic Press.

Kennish, M.J. (Editor), 2000. Estuary Restoration and Maintenance, The National Estuary Program, CRC Press.

Kjerfve, B. (Editor), 1988. Hydrodynamics of Estuaries, Volume I. Estuarine Physics, CRC Press.

Kjerfve, B. (Editor), 1988. Hydrodynamics of Estuaries, Volume II. Estuarine Case Studies, CRC Press.

Knauss, J.A., 1978. Introduction to Physical Oceanography, Prentice–Hall, Inc.

Lalli, C.M. and Parsons, T.R., 1997. Biological Oceanography, An Introduction, Second Edition, Butterworth–Heinemann.

Lewis, R., 1997. Dispersion in Estuaries and Coastal Waters, John Wiley & Sons.

McCutcheon, S.C., Martin, J.L. and Barnwell Jr., T.O., 1993. Water Quality, Handbook of Hydrology (Editor–in–Chief, Maidment, D.R.). Chapter 11., McGraw–Hill, Inc.

McDowell, D.M. and O'Connor, B.A., 1977. Hydraulic Behaviour of Estuaries, The MacMillan Press Ltd.

McLusky, D.S., 1989. The Estuarine Ecosystem, Second Edition, Blackie & Son Ltd.

Nybakken, J.W. and Bertness, M.D., 2005. Marine Biology, An Ecological Approach, Sixth Edition, Chapter 8, Pearson Education, Inc.

Ponce, V.M., 1989. Engineering Hydrology, Principles and Practices, Prentice Hall.

Richards, K., 1982. Rivers, Form and Process in Alluvial Channels, Methuen Co. Ltd.

Turner, L., Tracey, D., Tilden, J. and Dennison, W.C., 2006, Where river meets sea: Exploring Australia's estuaries, Cooperative Research Centre for Coastal Zone Estuary and Waterway, CSIRO Publishing, Brisbane, Australia.

Unoki Sanae(宇野木早苗), 1993. 沿岸の海洋物理學, 東海大學出版會.

van Rijn, L.C., 1990. Principles of Fluid Flow and Surface Waves in Rivers, Estuaries, Seas, and Oceans, Aqua Publications.

■인터넷 사이트

국립수산과학원, www.nfrdi.re.kr

US EPA, National Estuary Program, http://www.epa.gov/owow/estuaries/

Estuaries: Where rivers meet the sea, http://www.estuaries.gov/